新形态
立体化
精 品
系列教材

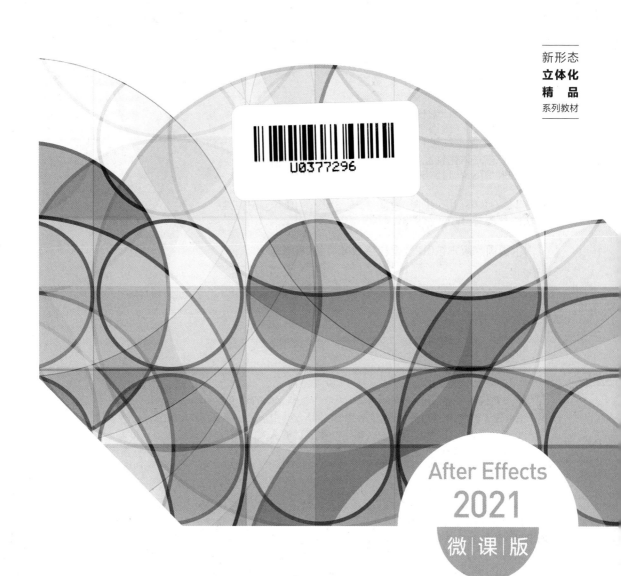

After Effects
2021
微|课|版

After Effects

影视特效**立体化教程**

降华 夏丽珍 张蔚◎**主编**

郑光果 余斐斐 付媛冰 王静◎**副主编**

人民邮电出版社
北 京

图书在版编目（CIP）数据

After Effects影视特效立体化教程：After Effects 2021：微课版 / 降华，夏丽珍，张蔚主编. -- 北京：人民邮电出版社，2024.6
新形态立体化精品系列教材
ISBN 978-7-115-64270-7

Ⅰ.①A… Ⅱ.①降… ②夏… ③张… Ⅲ.①图像处理软件—教材 Ⅳ.①TP391.413

中国国家版本馆CIP数据核字(2024)第080459号

内 容 提 要

本书系统地讲解 After Effects 2021 各个功能和工具的使用方法，以及影视编辑实战案例。本书采用项目任务式结构来讲解知识点，共 10 个项目，其中项目 1 讲解 After Effects 影视编辑的基础知识，让学生深入了解相关理论；项目 2～项目 9 主要讲解 After Effects 中常用的功能和工具等，让学生能够熟练运用 After Effects 进行操作；项目 10 给出了几个综合性的商业设计案例，旨在锻炼学生综合运用所学知识的能力。

本书知识全面、讲解详尽、案例丰富，理论联系实际，将 After Effects 与影视编辑的理论知识同实战案例紧密结合；在内容中融入素养知识，落实"立德树人"根本任务；设置特色小栏目，实用性、趣味性较强；配有视频讲解，有助于学生理解知识点、分析与制作相关案例；紧密结合职场，将职业场景引入课堂教学，着重培养学生的实际应用能力和职业素养，有利于学生提前了解工作内容。

本书可作为高等院校 After Effects 相关课程的教材，也可作为各类社会培训学校相关专业的教材，还可供 After Effects 初学者及准备从事视频编辑工作的人学习参考。

- ◆ 主　　编　降　华　夏丽珍　张　蔚
　　副 主 编　郑光果　余斐斐　付媛冰　王　静
　　责任编辑　马　媛
　　责任印制　王　郁　焦志炜
- ◆ 人民邮电出版社出版发行　　北京市丰台区成寿寺路 11 号
　　邮编　100164　电子邮件　315@ptpress.com.cn
　　网址　https://www.ptpress.com.cn
　　天津千鹤文化传播有限公司印刷
- ◆ 开本：787×1092　1/16
　　印张：14.75　　　　　　　　　　　2024 年 6 月第 1 版
　　字数：400 千字　　　　　　　　　2024 年 6 月天津第 1 次印刷

定价：59.80 元
读者服务热线：(010)81055256　印装质量热线：(010)81055316
反盗版热线：(010)81055315
广告经营许可证：京东市监广登字 20170147 号

After Effects是Adobe公司开发的视频编辑软件，在影视后期制作、广告设计、动画制作等领域中应用广泛，用户量大，深受个人和企业的青睐。根据现代教学的需要和市场对视频编辑人才的要求，我们组织了一批优秀的、教学经验和实践经验丰富的老师组成编者团队，深入学习党的二十大精神，深刻领悟"实施科教兴国战略，强化现代化建设人才支撑"的重大意义与重要内涵，从中汲取砥砺奋进力量，以培养德艺双馨的高技能人才为目标，编写了本套新形态立体化精品系列教材。

本套新形态立体化精品系列教材进入学校已有多年时间，在这段时间里，我们很高兴这套教材能够帮助老师授课，并得到广大老师的认可；同时令我们更加高兴的是，很多老师给我们提出了宝贵的建议。为与时俱进，让本套教材更好地服务于广大老师和学生，我们根据一线老师的建议和教学需求，增加编写了这本《After Effects影视特效立体化教程（After Effects 2021）（微课版）》。本书拥有"知识全""案例新""练习多""资源多""与行业结合紧密"等优点，可以满足现代教学需求。

教学方法

本书将素质教育贯穿教学全过程，引领学生从党的二十大精神中汲取砥砺奋进力量，并强调学以致用，理论联系实际，树立社会责任感，弘扬工匠精神，培养职业素养。本书采用多段式教学法，将职业场景、软件知识、行业知识进行有机整合，各个环节相互联系、浑然一体。

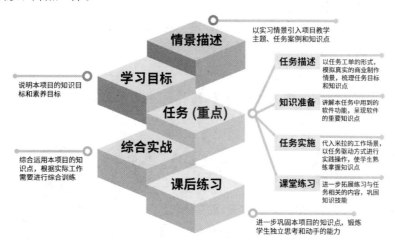

教材特色

本书旨在帮助学生循序渐进地掌握After Effects 2021的相关知识和应用方法，并能在完成案例的过程中融会贯通所学知识。本书的具体特色如下。

（1）情景带入，生动有趣

本书以实际工作中的任务为主线，通过主人公米拉的实习日常，以及公司资深设计师老洪（米拉的上司）对米拉的工作指导，引出项目主题和任务案例，并贯穿于知识

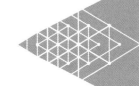

点、案例操作的讲解中，有助于学生了解所学知识在实际工作中的应用情况，做到"学思用贯通，知信行统一"。

（2）栏目新颖，实用性强

本书设有"知识补充""疑难解析""设计素养"3种小栏目，用于提升学生的软件操作技术，拓宽学生的知识面，同时培养学生的思考能力和专业素养。

（3）立德树人，融入素质教育

本书精心设计、因势利导，依据专业课程的特点，采取恰当的方式自然融入中华优秀传统文化、科学精神和爱国情怀等元素，注重挖掘其中的素质教育要素，弘扬精益求精的专业精神、职业精神和工匠精神，培养学生的创新意识，将"为学"和"为人"相结合。

（4）校企合作，双元开发

本书由学校教师和企业富有设计经验的设计师共同开发，参考了市场上各类真实视频编辑案例，由常年深耕教学一线、有丰富教学经验的老师执笔，将项目实践与理论知识相结合，体现了"做中学，做中教"等职业教育理念，保证了教材的院校特色。

（5）项目驱动，产教融合

本书精选企业真实案例，将实际工作过程真实再现，在教学过程中培养学生的项目开发能力；以项目驱动的方式展开知识介绍，提升学生学习和认知的热情。

（6）创新形式，配备微课

本书为新形态立体化教材，针对重点、难点提供微课视频，让学生可以利用计算机和移动终端学习，实现了线上线下混合式教学。

教学资源

本书提供了丰富的配套资源和拓展资源，读者可以登录人邮教育社区（www. ryjiaoyu.com）获取相关资源。

 + + + + + +

素材和效果文件　　微课视频　　PPT、大纲和教学教案　设计理论基础　　题库软件　　拓展案例资源　　拓展设计技能

本书由降华、夏丽珍、张蔚担任主编，郑光果、余斐斐、付媛冰、王静担任副主编。虽然编者在编写本书的过程中倾注了大量心血，但书中难免存在不妥之处，敬请广大读者批评指正。

编者

2024年2月

04

项目4　调整视频色彩　78

05

06

07

10

项目1
初识 After Effects 影视编辑

情景描述

　　在大四的第一个学期，米拉找到了一份影视编辑的实习工作，公司安排她给设计师老洪做助理。米拉需要先协助老洪完成各项工作，之后再逐步独立完成项目。

　　第一天上班时，米拉还不太熟悉影视编辑的工作内容，因此便询问老洪，老洪告诉她："你可以先在网络上查询一些关于影视编辑的基础知识，然后熟悉影视编辑的常用软件 After Effects，如果遇到不清楚的问题可以问我，也可以询问周围的同事。"于是米拉开始认真学习与影视编辑相关的知识，希望能够尽快熟悉工作内容。

学习目标

知识目标	● 了解影视编辑的基础知识 ● 熟悉 After Effects 工作界面的各个组成部分 ● 掌握使用 After Effects 完成影视编辑的基本操作
素养目标	● 保持刻苦钻研的工作态度，积极学习新知识、新技术 ● 提升认知能力与实践应用能力

任务1.1 了解影视编辑的基础知识

老洪见米拉不知道该从何处入手了解影视编辑的基础知识，便建议她先了解一些相关术语、常用的文件格式，然后熟悉影视编辑的工作内容，以及After Effects在影视编辑中的应用。

1. 影视编辑相关术语

影视编辑常常会涉及像素与分辨率、视频画面扫描方式、画面长宽比与像素长宽比、帧和帧速率等专业术语。了解这些专业术语可以为后续的影视编辑实践奠定一定的理论基础。

（1）像素与分辨率

像素是构成视频中图像的最小单位，而分辨率指的是视频中图像在单位长度内包含的像素数量。如1280像素（宽）×720像素（高）的分辨率就表示横向像素数量为1280个，纵向像素数量为720个。

随着数字媒体技术的不断发展，视频画面的清晰度和质量也经历了从标清、高清到超高清的发展过程。视频的画质与分辨率有很大关系。

- **标清（Standard Definition，SD）：** 指分辨率小于1280像素×720像素。
- **高清（High Definition，HD）：** 指分辨率高于或等于1280像素×720像素。
- **超高清（Ultra High Definition，UHD）：** 目前超高清可分为4K超高清和8K超高清，4K超高清通常是指分辨率为4096像素×2160像素，8K超高清通常是指分辨率为7680像素×4320像素。

（2）视频画面扫描方式

视频画面扫描是指将一整个视频画面分成若干个行进行顺序扫描的过程，可分为隔行扫描和逐行扫描。

- **隔行扫描（Interlaced Scanning）：** 交替扫描偶数行和奇数行的方式。这种方式效率高，但对于快速运动的画面，可能会出现抖动现象。
- **逐行扫描（Progressive Scanning）：** 一行接一行地扫描每一行像素点的方式。这种方式能够更好地展现画面细节，应用更加广泛，但是需要更好的处理能力。

常见的1080i、720p等就是结合分辨率和视频画面扫描方式的名称，其中i代表隔行扫描，p代表逐行扫描，前面的数字则代表横向像素数量。在分辨率相同的情况下，逐行扫描的视频画质要高于隔行扫描，即1080p的画质要高于1080i。

（3）画面长宽比与像素长宽比

了解分辨率的概念后，还要掌握画面长宽比与像素长宽比这两个参数对视频画面的影响。

- **画面长宽比：** 画面的长度和宽度之比。目前常见的画面长宽比有4∶3、16∶9、1.85∶1和2.39∶1等，其中4∶3和16∶9常用于视频拍摄，而1.85∶1和2.39∶1则常用于电影拍摄。
- **像素长宽比：** 画面中一个像素的长度与宽度的比例。像素长宽比在计算机和电视中并不相同，通常在计算机中显示的是正方形像素（像素长宽比为1∶1），如图1-1所示；而在电视中显示的是长方形像素，图1-2所示为"D1/DVD PAL（D1是DVD的一种画质，PAL是一种电视制式）宽银幕（1.46）"中的像素。

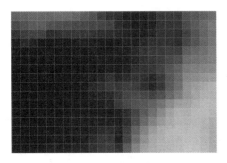

图1-1　正方形像素

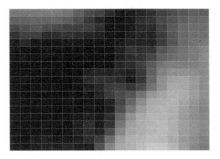

图1-2　D1/DVD PAL 宽银幕（1.46）中的像素

（4）帧和帧速率

帧是指视频中最小单位的单幅影像画面，相当于电影胶片上的每一格镜头，一帧就是一个静止的画面，而不断播放连续的多帧就能形成动态效果。

帧速率是指视频画面每秒传输的帧数，即画面数，以fps（Frames Per Second，帧/秒）为单位，如24fps代表在一秒内播放24个画面。视频中常见的帧速率主要有23.976fps、24fps、25fps、29.97fps和30fps。一般来说，帧速率越高，视频播出的画面越流畅、连贯、真实，但同时相应的视频文件也会越大。

知识补充

电视制式

电视制式是一个国家或地区播放电视节目时用来显示电视图像或声音信号所采用的一种技术标准。目前主要有NTSC、PAL和SECAM这3种电视制式，不同的电视制式具有不同的分辨率、帧速率等标准。扫描右侧的二维码，可查看详细内容。

知识补充

电视制式

2. 影视编辑中常用的文件格式

在影视编辑中，可能会使用到各种类型的文件，因此有必要了解一些常用的图像、视频、音频文件格式，便于更好地进行文件的存储与输出操作。

（1）常用的图像文件格式

常用的图像文件格式有以下6种。

- **JPEG：** 最常用的图像文件格式之一，文件的后缀名为".jpg"或".jpeg"。该格式属于有损压缩格式，能够将图像文件压缩得很小，但也会损失部分图像质量。
- **TIFF：** 一种灵活的位图（指由像素的单个点组成的图）格式，文件的后缀名为".tif"。该格式对图像信息的存放灵活多变，支持多种色彩模式。
- **PNG：** 一种采用无损压缩算法的位图格式，文件的后缀名为".png"。该格式显著的优点包括文件体积小、无损压缩、支持透明效果等。
- **PSD：** Adobe公司开发的图像处理软件Photoshop生成的专用文件格式，文件的后缀名为".psd"。该格式的文件可以保留图层、通道等多种信息，便于在其他软件中使用。
- **AI：** Adobe公司开发的矢量制图软件Illustrator生成的专用文件格式，文件的后缀名为".ai"。AI格式文件中的每个对象都是独立的。
- **GIF：** 一种无损压缩的图像文件格式，文件的后缀名为".gif"。该格式支持无损压缩，可以缩短图像文件在网络上传输的时间，还可以保存动态效果。

（2）常用的视频文件格式

常用的视频文件格式有以下4种。

- **MP4：** 一种标准的数字多媒体容器格式，文件的后缀名为".mp4"。该格式可用于存储数字音频及数字视频，也可以存储字幕和静态图像。
- **AVI：** 一种音频和视频交错的视频文件格式，文件的后缀名为".avi"。该格式将音频和视频数据包含在一个文件容器中，允许音频和视频同步回放，常用于保存电视节目、电影等各种影像信息。
- **WMV：** Microsoft公司开发的一系列视频编解码及其相关的视频编码格式的统称，文件的后缀名为".wmv"。该格式是一种视频压缩格式，可以将视频文件体积压缩至原来的1/2。
- **MOV：** Apple公司开发的QuickTime播放器生成的视频格式，文件的后缀名为".mov"。该格式支持领先的集成压缩技术，该格式文件的画面效果比AVI格式文件的画面效果更好。

（3）常用的音频文件格式

常用的音频文件格式有以下2种。

- **MP3：** 一种有损压缩的音频格式，虽然大幅度地降低了音频数据量，但仍然适用于绝大多数的应用场景，而且文件体积较小，文件的后缀名为".mp3"。
- **WAV：** 一种非压缩的音频格式，文件的后缀名为".wav"。该格式能记录各种单声道或立体声的声音信息，且保证声音不失真，但文件体积较大。

3. 影视编辑的工作内容

影视编辑岗位的设计师在收到客户诉求及相关资料后，可以开始前期分析，构思视频内容，再正式制作视频作品，并在整个过程中根据需要及时与客户交流。影视编辑的工作内容可细分为以下7个部分。

- **内容构思并搜集素材：** 构思视频的具体架构和画面版式等，并搜集与之相关的素材（包括但不限于图像、音频和视频），便于后续直接调用。
- **素材处理：** 简单地处理素材，如排序、裁剪画面、调整播放速度等。
- **视频编辑：** 按照要求对视频进行更加精细的剪辑和调色等。
- **特效处理：** 在视频中添加各种特效。
- **字幕处理：** 为视频添加字幕。
- **音频处理：** 为视频添加背景音乐或音效等。
- **成品输出：** 将制作好的视频保存成客户需要的文件格式。

设计素养　　设计师在参与影视编辑的商业项目时，若遇到不清楚或不确定的事情，需要及时与客户进行沟通，并从客户的回复中抓取关键信息，避免因后期反复修改而耽搁项目进程。因此，设计师需要具备良好的沟通能力和表达能力，才能在与客户交流时流畅地表达出自己对项目的理解及构思，充分地展现出自己的设计水平，从而获得客户的认可。

4. After Effects 在影视编辑中的应用

After Effects（以下简称AE）是Adobe公司推出的一款专业的图形视频处理软件，可以高效且精确地制作多种动态图形和震撼人心的视频效果。它是影视编辑领域的常用软件之一，广泛应用于微电影、宣传片、纪录片、节目包装、视频广告、影视特效合成、影视剧片头和片尾等的制作中。

（1）微电影

微电影即微型电影，是指能够通过互联网新媒体平台传播的几分钟到60分钟不等的影片，具有完整的故事情节，适合在移动状态和短时休闲状态下观看。图1-3所示为《等春天，等愿望成真》微电影。我们通过AE可以将相关素材剪辑到一起，然后添加转场、音频、字幕和特效等，使微电影更具吸引力。

图1-3 《等春天，等愿望成真》微电影

（2）宣传片

宣传片是指以宣传为主的视频，它所宣传的对象可以是企业或产品，也可以是城市或人物等。宣传片根据目的和宣传方式可分为企业宣传片、产品宣传片、公益宣传片、电视宣传片等。图1-4所示为云图科技公司的企业宣传片。使用AE编辑该类视频时，需要思考如何突出重点信息、展现细节，从而做到构思精巧、内容和形式俱佳。

图1-4 企业宣传片

（3）纪录片

纪录片是指以真实生活为创作素材，以真人真事为表现对象，并对其进行艺术加工与展现的视频形式，题材有历史、人文地理、生活、传记等。图1-5所示为《遇见最极致的中国》纪录片。纪录片的核心特点是真实，因此在使用AE编辑纪录片时无须添加过多特效，只需在剪辑视频素材后，为其添加字幕和音频等。

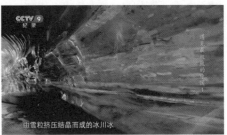

图1-5 《遇见最极致的中国》纪录片

（4）节目包装

节目包装是指对电视节目、栏目、频道等进行的一种外在形式要素的规范和强化，这些外在形式要素包括图像、声音、颜色等，如动态文字、动画和音效等。图1-6所示为《都市新闻》的节目包装效果。我们可以通过AE的关键帧、蒙版、遮罩、三维合成等多种功能创建出引人注目的节目包装效果。

图1-6 《都市新闻》的节目包装效果

（5）视频广告

广告是指组织通过一定的形式，直接或者间接地介绍旗下的产品、所提供的服务或概念等。图1-7所示为某纯牛奶的视频广告。AE可用于制作各种类型的视频广告，并将其导出为多种文件格式，这不仅有利于视频广告在网络上传播，还能满足不同平台、不同设备的播放要求。

图1-7 某纯牛奶的视频广告

（6）影视特效合成

特效是指由软件制作出的特殊效果，如图1-8所示。AE可用于在视频画面中添加在现实生活中不易捕捉到或无法实现的特效，如光效、烟雾、雷电等。

图1-8 特效

（7）影视剧片头和片尾

在影视剧中，片头和片尾是不可或缺的存在，可以凸显出该影视剧的整体风格，并吸引观众的注意。图1-9所示为电影《赤壁》的片头。AE除了可以对片头、片尾的画面进行调色、剪辑外，还可以为文本制作创意性的动画。

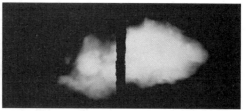

图1-9 电影《赤壁》的片头

任务1.2 认识After Effects 2021工作界面

米拉熟悉影视编辑的基础知识后，老洪便把公司使用的AE软件安装包发送给她，让她自行安装，为后续完成任务做准备。由于公司使用的AE版本跟米拉在学校中使用的不同，因此她准备先熟悉一下该版本的工作界面（见图1-10），了解各个组成部分的功能。

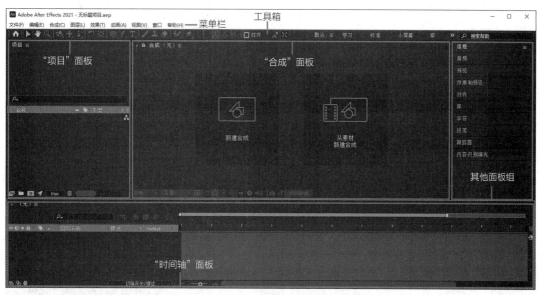

图1-10 After Effects 2021工作界面

1. 菜单栏

菜单栏中包含了AE所有的菜单命令，设计师需要应用其中的命令时，选择对应的菜单项，在弹出的快捷菜单中选择所需的命令即可。

- **"文件"菜单项：** 用于对AE文件进行新建、打开、保存、关闭、导入、导出等管理操作。
- **"编辑"菜单项：** 用于进行撤销或还原操作，或对当前所选对象（如关键帧、图层）进行剪切、复制、粘贴等操作。
- **"合成"菜单项：** 用于新建合成、设置合成等与合成相关的操作。
- **"图层"菜单项：** 用于新建各种类型的图层，并进行蒙版、遮罩、形状路径等与图层相关的操作。
- **"效果"菜单项：** 用于为"时间轴"面板中所选的图层应用各种AE预设的效果。
- **"动画"菜单项：** 用于管理"时间轴"面板中的关键帧，如设置关键帧插值、调整关键帧速度、添加表达式等。

- **"视图"菜单项：**用于控制"合成"面板中显示的内容，如标尺、参考线等，也可调整"合成"面板的大小和显示方式。
- **"窗口"菜单项：**用于开启和关闭各种面板。选择该菜单项后，各面板对应的命令左侧若出现✓标记，代表该面板已经显示在工作界面中；再次选择该命令，✓标记将会消失，说明该面板未显示在工作界面中。
- **"帮助"菜单项：**用于了解AE的具体情况和各种帮助信息。

2．工具箱

工具箱位于菜单栏下方，左侧区域为AE提供的各种工具，单击某个工具对应的按钮，当其呈蓝色时，说明该工具处于激活状态，然后可使用该工具进行操作，同时在工具箱的中间区域将显示与其相关的参数设置。工具箱的右侧区域提供了"默认""学习""标准""小屏幕"和"库"5种不同模式的工作界面，设计师可根据需求自行选择，也可选择【窗口】/【工作区】命令，在弹出的子菜单中选择相应的命令切换为其他模式的工作界面。

若工具对应的按钮右下角有◢符号，则表示该工具位于一个工具组中，此时在该按钮上按住鼠标左键不放或单击鼠标右键，可显示隐藏的工具。图1-11所示为工具箱中的所有工具。

图1-11　工具箱中的所有工具

3．"项目"面板

"项目"面板用于管理项目中的所有素材，包括导入AE中的视频、音频、图像等，以及新建的合成、文件夹等。在"项目"面板中单击选择某个素材时，该面板的上方区域可显示对应的缩略图、使用次数和属性等信息，如图1-12所示。该面板中的部分选项介绍如下。

- **搜索框：**当"项目"面板中的内容过多时，可在搜索框中输入素材名称进行查找。单击左侧的按钮🔍，还可在打开的下拉列表中选择相应的选项来查找已使用、未使用、缺失字体、缺失效果或缺失素材的文件。
- **"解释素材"按钮🗔：**选择素材后，单击该按钮可打开"解释素材"对话框，在其中可设置素材的Alpha、帧速率等属性。
- **"新建文件夹"按钮▢：**单击该按钮可新建一个空白文件夹，用于管理多个素材。

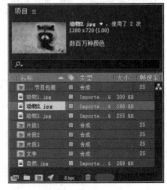

图1-12　"项目"面板

- **"新建合成"按钮▣：**单击该按钮可打开"合成设置"对话框，设置相应参数后单击 确定 按钮可新建一个合成。
- **◢按钮：**单击该按钮可打开"项目设置"对话框，在其中可设置"视频渲染和效果"、"时间显示样式"、"颜色"、"音频"和"表达式"等选项卡中包含的参数。

- **8 bpc 按钮：** 单击该按钮同样可打开"项目设置"对话框，并自动选择"颜色"选项卡，在其中可设置深度、工作空间等参数。
- **"删除所选项目项"按钮▥：** 选择素材后，单击该按钮可删除所选素材。

4. "合成"面板

在AE中，合成可以看作是一个容器，用于承载在时间和空间上组合素材、应用特效等操作的效果，并生成相应的画面。"合成"面板（见图1-13）则主要用于预览当前合成的画面，通过该面板下方的按钮可设置显示的画面效果。

图1-13 "合成"面板

- **放大率 33.3% ∨：** 用于设置画面当前在"合成"面板中进行预览的放大率。
- **分辨率 二分之一 ∨：** 用于设置画面显示的分辨率。
- **"快速预览"按钮▣：** 单击该按钮，可在弹出的快捷菜单中选择预览方式，如自适应分辨率、线框等。
- **"切换透明网格"按钮▨：** 单击该按钮，合成中的背景将以透明网格的方式进行显示。
- **"切换蒙版和形状路径可见性"按钮▱：** 单击该按钮，可在画面中显示或隐藏蒙版和形状路径。
- **"目标区域"按钮▢：** 添加蒙版后，单击该按钮，可显示画面中的目标区域。
- **"选择网格和参考线选项"按钮▦：** 用于选择网格、标尺、参考线等辅助工具，实现精确编辑对象的操作。
- **"显示通道及色彩管理设置"按钮▣：** 单击该按钮，可在弹出的快捷菜单中选择显示画面中的通道选项，若选择"设置项目工作空间"选项，将打开"项目设置"对话框，并自动选择"颜色"选项卡，在其中可进行色彩管理设置。
- **"重置曝光度（仅影响视图）"按钮▣：** 单击该按钮可重置曝光度参数；单击鼠标左键后直接输入数值，或按住鼠标左键不放并左右拖曳该按钮右侧的蓝色数字可修改曝光度参数。
- **"拍摄快照"按钮▣：** 单击该按钮，可将合成中的画面保存在AE缓存文件中，用于前后对比，但保存的图片无法调出使用。
- **"显示快照"按钮▣：** 单击该按钮，可显示拍摄的上一张快照图片。
- **"预览时间"按钮 0:00:04:24：** 单击该按钮，可打开"转到时间"对话框，在其中可设置时间指示器跳转的具体时间点。

5. "时间轴"面板

"时间轴"面板是AE的核心面板之一，由左侧的图层控制区和右侧的时间线控制区组成，如图1-14所示。

图1-14 "时间轴"面板

（1）图层控制区

图层控制区用于设置图层的各种属性和参数，部分选项介绍如下。

- **时间码 0:00:00:15：** 按住鼠标左键不放并左右拖曳该时间码，或单击时间码后直接输入数值，可查看对应帧的画面效果，如0:00:00:15代表0时0分0秒15帧。

- **"合成微型流程图"按钮：** 单击该按钮或按【Tab】键，可快速显示该合成的架构，如图1-15所示。

- **"消隐"按钮：** 用于在"时间轴"面板隐藏设置了"消隐"效果的所有图层，在图层对应的图标处单击该图标，当切换为图标时则表示图层已设置"消隐"效果。

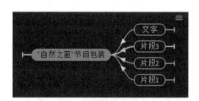

图1-15 合成的架构

- **"帧混合"按钮：** 用于为设置"帧混合"开关的所有图层启用帧混合效果。

- **"运动模糊"按钮：** 用于为设置"运动模糊"开关的所有图层启用运动模糊效果。

- **"图表编辑器"按钮：** 单击该按钮，可将右侧的时间线控制区由图层模式转换为图表编辑器模式。

- **"视频"按钮：** 用于显示或者隐藏图层。

- **"音频"按钮：** 用于启用或关闭视频中的音频。

- **"独奏"按钮：** 用于只显示选择的图层，可同时为多个图层开启"独奏"。

- **"锁定"按钮：** 用于锁定图层，图层锁定后不能进行任何编辑操作，从而保护该图层的内容不受破坏。

- **"标签"按钮：** 用于设置图层标签，可使用不同颜色的标签来对图层进行分类，还可以用于选择标签组。

- **按钮：** 用于表示图层序号，可按小键盘上的数字键来选择对应序号的图层。在该按钮所在栏上的任意位置单击鼠标右键，可在弹出的快捷菜单中选择"列数"命令，在子菜单中选择命令进行显示或隐藏。

- **图层名称：** 用于显示图层的名称，单击最上方的"图层名称"文本可将图层名称（修改后的名称）转换为源名称（素材名称）。

- **父级和链接：** 用于指定父级图层。除不透明度属性外，在父级图层中做的所有变换操作都将自动应用到子级图层的对应属性上。

- **展开其他窗格按钮组：** 单击相应按钮，可分别展开或折叠"图层开关""转换控制""入点/出点/持续时间/伸缩"窗格，图1-16所示为展开所有窗格的效果。

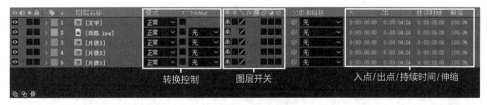

图1-16 展开所有窗格

（2）时间线控制区

时间线控制区主要可分为工作区域、时间导航器和时间指示器这3个部分，如图1-17所示。

- **工作区域**: 工作区域为合成的有效区域,位于该区域内的对象才是最终渲染输出的内容。拖曳工作区域左右两侧的蓝色滑块可确定工作区域内容。

- **时间导航器**: 拖曳导航器左侧或右侧的蓝色滑块可以调整时间线控制区的显示比例,也可以通过拖曳时间线控制区左下角的圆形滑块来调整显示比例。

图1-17 时间线控制区

- **时间指示器**: 左右拖曳时间指示器可直接调整时间码。按【Page Up】键可将时间指示器移至当前帧的上一帧,按【Page Down】键可将时间指示器移至当前帧的下一帧;按【Home】键可将时间指示器移至第一帧,按【End】键可将时间指示器移至最后一帧。

6. 其他面板组

在"默认"工作界面中,部分面板位于"合成"面板右侧,包括"信息"面板、"音频"面板、"预览"面板、"效果和预设"面板、"对齐"面板等,还有一些面板则需要通过选择"窗口"菜单项中的对应命令来显示。

怎样将AE的工作界面调整成符合自己操作习惯的布局?

疑难解析

若是不满意AE默认的工作界面,可将鼠标指针移至任意一个面板的边缘,当鼠标指针变为形状时,按住鼠标左键并拖曳鼠标可调整面板的大小;将鼠标指针移至任意一个面板名称的上方,当鼠标指针变为形状时,按住鼠标左键并拖曳鼠标可将面板拖曳至其他位置;单击任意一个面板名称右侧的按钮,可在弹出的快捷菜单中选择"关闭面板""浮动面板""面板组设置"等相关命令对面板进行调整。

任务1.3 熟悉 After Effects 的基本操作

米拉熟悉了AE的工作界面后,老洪便让她使用该软件进行一些简单的操作,以尽快进入工作状态,于是米拉准备按照工作流程来完成一些基本操作。

1. 新建项目文件

项目文件是指用于存储合成文件及该项目中所有素材的源文件,新建项目文件的方法主要有以下两种。

- **在主页新建**: 启动AE后,在主页中单击 新建项目 按钮。
- **通过菜单命令新建**: 若已经进入AE的工作界面,可在AE中选择【文件】/【新建】/【新建项目】命令,或按【Ctrl + Alt + N】组合键。

2. 新建合成

使用AE进行影视编辑大都是在合成中完成的,设计师可根据制作需求新建空白合成,或直接基于素材新建合成。

（1）新建空白合成

在"项目"面板中单击"新建合成"按钮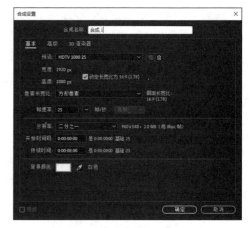，也可以选择【合成】/【新建合成】命令，或按【Ctrl+N】组合键，打开如图1-18所示的"合成设置"对话框，在其中设置各个参数后，单击 确定 按钮。

- **合成名称：** 用于设置合成的名称，便于文件的管理。
- **预设：** 包含AE预设的各种视频类型，如不同的电视制式和分辨率。选择某种预设类型后，将自动设置文件的宽度、高度、像素长宽比等，也可以选择"自定义"选项，自定义合成的属性。

图1-18 "合成设置"对话框

- **宽度/高度：** 分别用于设置合成的宽度和高度，若单击选中"锁定长宽比"复选框，宽度与高度的比例将保持不变。
- **像素长宽比：** 用于设置像素长宽比，可根据制作需求自行选择，默认选择"方形像素"选项。
- **帧速率：** 用于设置帧速率，该数值越高画面越精致，但文件体积也越大。
- **分辨率：** 用于设置在"合成"面板中的显示分辨率。
- **开始时间码：** 用于设置合成的播放开始时间，默认为0帧。
- **持续时间：** 用于设置合成的播放时长。
- **背景颜色：** 用于设置合成的背景颜色。

另外，在"合成设置"对话框的"高级"选项卡中可以设置合成图像的轴心点、嵌套时合成图像的帧速率，以及运用运动模糊效果后模糊量的强度和方向；在"3D渲染器"选项卡中可以设置用AE进行三维渲染时所使用的渲染器。

（2）基于素材新建合成

由于导入的素材自身都带有固定的属性，如高度、宽度、像素长宽比等，因此设计师可以直接根据素材的属性来新建合成，主要有以下两种方式。

- **基于单个素材创建合成：** 在"项目"面板中将单个素材拖曳到底部的"新建合成"按钮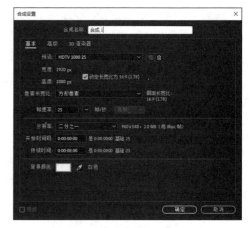上，或空白的"时间轴"面板中；或在选择素材后，选择【文件】/【基于所选项新建合成】命令。新建合成的属性包括宽度、高度和像素长宽比等会自动与所选素材相匹配。
- **基于多个素材创建合成：** 在"项目"面板中将多个素材拖曳到底部的"新建合成"按钮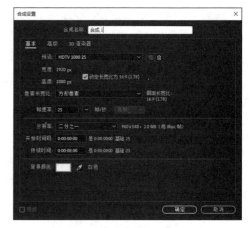上；或在选择多个素材后，选择【文件】/【基于所选项新建合成】命令，打开图1-19所示的"基于所选项新建合成"对话框，在其中单击选中"单个合成"单选项可设置从某个素材中获取合成设置，单击选中"多个合成"单选项可为每个素材都创建单独的合成，单击选中"添加到渲染队列"复选框可快速渲染输出素材。另外，在单击选中"单个合成"单选项后，再

图1-19 "基于所选项新建合成"对话框

单击选中"序列图层"复选框，所选素材将在"时间轴"面板中按选择顺序进行排列，并自动调整每个素材的播放时间。若同时单击选中"重叠"复选框，可为所选素材之间设置重叠的动画效果。

3. 导入素材

AE可以导入多种类型的素材，根据素材类型的不同，导入素材的方法也有所区别。

● **导入常用素材：** 在导入MP4、AVI、JPEG、MP3等格式的常用素材时，可直接选择【文件】/【导入】/【文件】命令；或在"项目"面板的空白区域双击鼠标左键；或在"项目"面板的空白区域单击鼠标右键，在弹出的快捷菜单中选择【导入】/【文件】命令；或直接按【Ctrl+I】组合键。这些方法都可以打开"导入文件"对话框，从中选择需要导入的一个或多个常用素材，单击 导入 按钮完成导入操作，如图1-20所示。

图1-20 导入常用素材

● **导入序列素材：** 序列素材是指一组名称连续且后缀名相同的素材，如"流星000.jpg""流星001.jpg""流星002.jpg"。打开"导入文件"对话框后，选择"流星000.jpg"文件，单击选中对话框中的"ImporterJPEG序列"复选框，然后单击 导入 按钮，AE将自动导入所有名称连续且后缀名相同的素材，并在"项目"面板中显示为单个文件，如图1-21所示。如果是其他格式的序列素材，则复选框的名称会有所变动，但位置不变。

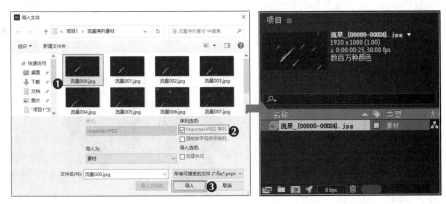

图1-21 导入序列素材

● **导入分层素材：** 导入含有图层信息的素材时，可以通过设置保留素材中的图层信息。例如，导入PSD文件时，在"导入文件"对话框中选择该文件并单击 导入 按钮后，将打开以该素材名称命名的对话框（见图1-22），打开"导入种类"下拉列表。在其中若选择"素材"选项，可选择将素材中的所有图层合并为一个图层后导入，或选择单个图层导入；若选择"合成"选项，可读取PSD分层信息，在AE中新建一个合成并保持分层状态，且每个分层的素材都与合成文件的大小相同；若选择"合成 - 保持图层大小"选项，可在新建合成并保持分层状态的同时，保证每一个图层的大小不变。导入分层素材后，"项目"面板中除了合成外，还会有一个同名的文件夹，展开可查看导入文件中的所有素材，如图1-23所示。

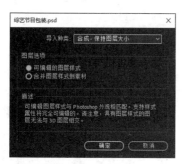

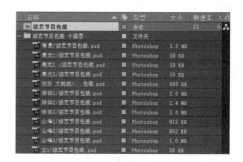

图1-22　以该素材名称命名的对话框　　　　图1-23　查看导入的分层素材

4．调整素材

导入素材后，便可以将其直接拖曳至"时间轴"面板或"合成"面板中，然后根据需要适当调整素材的位置、大小等。

- **调整素材的位置：**选择选取工具，在"合成"面板中单击选择素材，然后将鼠标指针移至其上方，然后按住鼠标左键不放并拖曳鼠标可直接调整素材的位置。若需要微调素材的位置，按一次方向键可实现2个像素的位移，按住【Shift】键按一次方向键可实现20个像素的位移。

- **调整素材的大小：**选择选取工具，在"合成"面板中单击选择素材，将鼠标指针移至周围的控制点上方，然后按住鼠标左键不放并拖曳鼠标，可调整素材的大小，如图1-24所示。若是按住【Shift】键的同时拖曳鼠标，可等比例缩放素材。另外，按【Ctrl+Alt+Shift+H】组合键可使素材与合成文件等宽；按【Ctrl+Alt+Shift+G】组合键可使素材与合成文件等高；按【Ctrl+Alt+F】组合键可使素材的大小与合成文件一致，但若二者比例不同，素材的画面将产生变形。

图1-24　调整素材的大小

- **旋转素材：**选择旋转工具，在"合成"面板中单击选择素材，然后按住鼠标左键不放并拖曳鼠标，可旋转素材，如图1-25所示。若是按住【Shift】键的同时拖曳鼠标，素材将以45度的倍数进行旋转。

图1-25 旋转素材

● **调整锚点位置：** 锚点◇是素材进行缩放、旋转等变化时的参考点。若需要调整锚点位置，可选择向后平移（锚点）工具█，在"合成"面板中单击选择素材，然后将鼠标指针移至锚点上方，再按住鼠标左键不放并拖曳鼠标即可对锚点进行调整。

调整画面显示区域

知识补充

在调整素材时，若是素材过小或过大，则需要调整画面的显示区域。调整画面的显示区域除了使用修改放大率的方法外，还可以选择缩放工具█（快捷键【Z】），在画面中直接单击以放大画面，按住【Alt】键单击以缩小画面，同时还可以结合抓手工具█（快捷键【H】）拖曳画面改变显示区域。

5. 渲染与输出

在AE中编辑完视频后，还需要渲染与输出视频，以便导出不同格式的文件，使视频在不同的软件和设备中进行传播。

（1）了解渲染与输出

AE中的渲染是指将合成中的所有图层创建为可以流畅播放的视频的过程，可细分为帧的渲染和合成的渲染两种类型。

● **帧的渲染：** 帧的渲染是指依据构成该帧中所有的图层、参数设置、效果等信息，创建出具体画面的过程。

● **合成的渲染：** 合成的渲染是指逐帧渲染合成中的每个帧，使其能够连续播放。在"时间轴"面板中，按【空格】键可从当前时间指示器位置处开始渲染，时间条上方的绿色线条是渲染进度条，如图1-26所示。若该合成过大，后续部分还未渲染完成，播放到未渲染部分时，将同时进行渲染和预览。

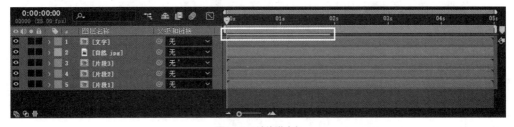

图1-26 渲染进度条

AE中的输出是指将渲染好的视频保存为可供其他软件或设备识别的文件，以便传播和分享。

（2）认识"渲染队列"面板

在AE中，渲染与输出的操作通常都是在"渲染队列"面板中完成的，因此编辑完视频后需要先将合成添加到"渲染队列"面板中，然后设置渲染与输出相关参数，具体操作方法为：选择合成，然后选择【文件】/【导出】/【添加到渲染队列】命令，或选择【合成】/【添加到渲染队列】命令，或按【Ctrl+M】组合键，打开图1-27所示的"渲染队列"面板，面板各选项的含义如下。

- **当前渲染：** 用于显示当前正在进行渲染的合成信息。
- **已用时间：** 用于显示当前渲染已经花费的时间。
- **剩余时间：** 用于显示当前渲染还要花费的时间。

图1-27 "渲染队列"面板

- **AME 中的队列按钮：** 单击该按钮，可将加入渲染队列的合成添加到Adobe Media Encoder（Adobe 媒体编码器）队列中。
- **停止按钮：** 在渲染合成时单击该按钮，将停止渲染合成。
- **暂停按钮：** 在渲染合成时单击该按钮，将暂停渲染合成。
- **渲染按钮：** 设置完有关渲染与输出的参数及输出位置后，该按钮才会呈激活状态 渲染，单击该按钮将开始渲染合成。
- **状态：** 用于显示当前渲染的状态。显示"未加入队列"文字表示该合成还未准备好渲染，显示"已加入队列"文字表示该合成已准备好渲染，显示"需要输出"文字表示未指定输出文件名，显示"失败"文字表示渲染失败，显示"用户已停止"文字表示用户已停止渲染该合成，显示"完成"文字表示该合成已完成渲染。
- **渲染设置：** 用于设置渲染的相关参数。
- **日志：** 用于设置输出的日志内容，可选择"仅错误""增加设置""增加每帧信息"选项。
- **输出模块：** 用于设置输出文件的相关参数。
- **＋/－按钮：** 单击＋按钮，可为同一个渲染的合成新增一个输出模块，以便同时输出多个不同格式的文件；单击－按钮，可删除对应的输出模块。
- **输出到：** 用于设置文件输出的位置和名称。
- **消息：** 用于显示渲染进度。
- **RAM：** 用于显示渲染时所占用的内存。
- **渲染已开始：** 用于显示渲染开始的时间。
- **已用总时间：** 用于显示渲染所花费的所有时间。

（3）认识"渲染设置"对话框

单击"渲染设置"选项右侧的 最佳设置 按钮，将打开"渲染设置"对话框（见图1-28），在其中可设置品质、分辨率等参数。

- **品质：** 用于设置所有图层的品质，可选择"最佳""草图""线框"选项。

- **分辨率：**用于设置相对于原始合成的分辨率大小。例如，选择"四分之一"选项时，将以原始合成1/4的分辨率进行渲染。

- **大小：**用于显示原始合成和渲染文件的分辨率大小。

- **磁盘缓存：**用于设置渲染期间是否使用磁盘缓存首选项。选择"只读"选项，将不会在渲染时向磁盘缓存写入任何新帧；选择"当前设置"选项，将使用在"首选项"对话框中"媒体和磁盘缓存"选项卡设置的磁盘缓存位置。

图1-28 "渲染设置"对话框

- **代理使用：**用于设置是否使用代理。

- **效果：**用于设置是否关闭效果。

- **独奏开关：**用于设置是否关闭图层的独奏开关。

- **引导层：**用于设置是否关闭引导层（用于设置指导线，或作为其他图层的参考，通常不会直接呈现在最终输出的视频中）。

- **颜色深度：**用于设置颜色深度（每个像素能够表示的颜色数量）。

- **帧混合：**用于设置是否关闭帧混合。

- **场渲染：**用于设置场渲染的类型，可选择"关""高场优先""低场优先"选项。

- **3:2 Pulldown：**用于设置是否关闭3:2 Pulldown（一种视频信号再生技术）。

- **运动模糊：**用于设置是否关闭运动模糊。

- **时间跨度：**用于设置渲染的范围。选择"合成长度"选项，将渲染整个合成；选择"仅工作区域"选项，将只渲染合成中由工作区域标记指示的部分；选择"自定义"选项，或单击右侧的 自定义 按钮可打开"自定义时间范围"对话框，可以自定义渲染的起始、结束和持续范围。

- **"帧速率"栏：**用于设置渲染时使用的帧速率。

- **"跳过现有文件（允许多机渲染）"复选框：**单击选中该复选框，将允许渲染文件的一部分，不重复渲染已渲染完毕的帧。

（4）认识"输出模块设置"对话框

单击"渲染队列"面板中的 无损 按钮，将打开"输出模块设置"对话框（见图1-29）。在"主要选项"选项卡中可设置格式、视频输出、自动音频输出等参数，而在"色彩管理"选项卡中可设置用于控制每个输出项色彩管理的参数。

- **格式：**用于设置输出文件的格式，共15种格式选项。

- **"包括项目链接"复选框：**用于设置是否在输出文件中包括链接到源项目的信息。

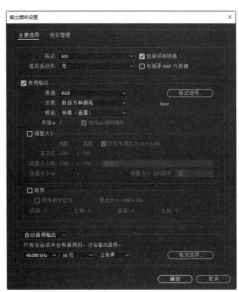

图1-29 "输出模块设置"对话框

- **渲染后动作：**用于设置 AE 在渲染后执行的动作。
- **"包括源 XMP 元数据"复选框：**用于设置是否在输出文件中包括源文件中的 XMP 元数据。
- **▇▇格式选项...▇按钮：**单击该按钮，在打开的对话框中可设置输出文件格式的特定选项。
- **通道：**用于设置输出文件中包含的通道。
- **深度：**用于设置输出文件的颜色深度。
- **颜色：**用于设置使用 Alpha 通道创建颜色的方式。
- **开始#：**当输出文件为某个序列时，用于设置序列起始帧的编号。单击选中右侧的"使用合成帧编号"复选框，可将工作区域的起始帧编号添加到序列的起始帧中。
- **"调整大小"栏：**用于设置输出文件的大小及调整大小后的品质。单击选中右侧的"锁定长宽比为 16：9（1.78）"复选框，可在调整文件大小时保持现有合成的长宽比。
- **"裁剪"栏：**用于在输出文件时使边缘减去或增加像素行或列。单击选中"使用目标区域"复选框后，将只输出在"合成"或"图层"面板中选择的目标区域。
- **"自动音频输出"栏：**用于设置输出文件中音频的采样率、采样深度和声道。

（5）渲染与输出合成

完成渲染与输出设置后，可单击"输出到"文字右侧的▇尚未指定按钮，打开"将影片输出到："对话框，在其中设置保存路径和文件名（默认为合成名称），然后单击 保存(S) 按钮，如图 1-30 所示。自动返回"渲染队列"面板后，单击▇渲染▇按钮开始渲染，此时将显示蓝色进度条。渲染结束后在设置的文件输出位置可查看输出视频，如图 1-31 所示。

图 1-30　设置保存路径和文件名

图 1-31　查看输出视频

6. 存储和关闭项目文件

完成项目制作后，设计师还需要存储和关闭项目文件。

（1）存储项目文件

存储项目文件可以将制作好的效果记录下来，以便后续进行修改。可通过"保存"和"另存为"两个命令进行存储。

- **使用"保存"命令：**选择【文件】/【保存】命令，或按【Ctrl+S】组合键，可直接保存当前项目文件。需要注意的是，若首次保存该项目文件，在使用该命令时会打开"另存为"对话框（见图 1-32），在其中需设置保存类型和位置等，然后单击▇保存(S)▇按钮；若已经保存过该项目文件，在使用该命令时会自动覆盖已经保存过的项目文件。

- **使用"另存为"命令:** 选择【文件】/【另存为】命令,或按【Ctrl+Shift+S】组合键,打开"另存为"对话框,可重新设置保存类型和位置等,并保存项目文件。

图1-32 "另存为"对话框

在编辑视频时,通常会用到各式各样、不同来源的素材,项目文件中可能存在多余的素材。为减少文件的大小及快速整理项目,在保存好项目文件后,设计师通常还会打包保存整个项目文件及所用到的素材。选择【文件】/【整理工程(文件)】/【收集文件】命令,可打开图1-33所示的"收集文件"对话框,各选项作用如下。

图1-33 "收集文件"对话框

- **收集源文件:** 用于设置收集哪些合成中的文件。
- **"仅生成报告"复选框:** 单击选中该复选框,将不会收集文件,而只生成一个项目报告文本文件。
- **"服从代理设置"复选框:** 用于设置是否复制当前代理设置。单击选中该复选框,将仅复制合成中使用的文件;反之,将同时复制代理设置和源文件。
- **"减少项目"复选框:** 单击选中该复选框,可从收集的文件中移除所有未使用的素材和合成。
- **"将渲染输出为**▉▉▉▉▉▉▉▉▉▉▉**文件夹"复选框:** 单击选中该复选框,可确保在使用其他计算机渲染项目文件时,能够访问已渲染的文件。
- **"启用'监视文件夹'渲染"复选框:** 单击选中该复选框,可将项目文件保存到指定的监视文件夹,并通过网络启动监视文件夹渲染。
- **"完成时在资源管理器中显示收集的项目"复选框:** 单击选中该复选框,在收集完成后将自动打开存储文件夹查看存储效果。
- ▉▉▉**注释**▉▉▉**按钮:** 单击该按钮,可在打开的"注释"对话框中输入相关文字进行说明,便于后续使用时能够对该文件的情况一目了然。

在"收集文件"对话框中设置好相应参数后,单击▉▉收集▉▉按钮,将打开"将文件收集到文件夹中"对话框,如图1-34所示,在其中设置存储位置,并单击▉保存(S)▉按钮,即可完成打包操作。打包效果如图1-35所示。

(2)关闭项目文件

若需要关闭当前项目文件,可选择【文件】/【关闭项目】命令;若需要在关闭当前项目文件的同时关闭软件,可直接单击工作界面右上角的×按钮。

图1-34 "将文件收集到文件夹中"对话框

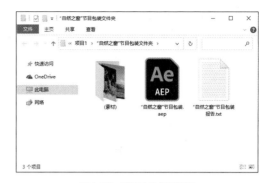

图1-35 查看文件打包效果

综合实战 制作博物馆藏品介绍视频模板

老洪为了评估米拉的能力，准备将制作博物馆藏品介绍视频模板的任务交给她收尾。该任务目前已经搜集与制作了相关的素材，只需要米拉通过 AE 的基本操作来设计视频模板，并将其渲染输出。

实战描述

实战背景	某自媒体账号为了让更多人感受到博大精深的中华文化，准备制作一期以介绍博物馆藏品为主题的短视频，现需要设计师利用提供的青铜大面具视频和文字信息制作一个视频模板，以便于后续替换其他的藏品素材
实战目标	①制作尺寸为1920像素×1080像素、时长为6秒的视频
	②排版方式为画面左侧放置文案信息，画面右侧放置青铜大面具的展示视频
	③运用工具及功能调整素材的大小、位置和帧速率，使画面视觉效果简洁、信息清楚明了
知识要点	新建项目文件和合成、导入不同类型的素材、调整素材、渲染与输出视频、保存文件、打包项目文件、关闭文件

本实战的参考效果如图1-36所示。

效果预览

图1-36 博物馆藏品介绍视频模板参考效果

素材位置： 素材\项目1\边框.png、青铜大面具.mp4、文字序列

效果位置： 效果\项目1\博物馆藏品介绍视频模板.avi、博物馆藏品介绍视频模板文件夹

 思路及步骤

在制作本案例时，需要先导入不同类型的素材，然后调整素材的大小和位置，以设计出符合制作需求的视频模板，最后导出视频并打包文件。本例的制作思路如图1-37所示，参考步骤如下。

① 导入不同类型的素材

② 调整素材并设计模板

③ 导出 AVI 格式的视频并打包项目文件

图1-37 制作博物馆藏品介绍视频模板的思路

（1）新建符合要求的合成，导入所有素材，注意在导入序列素材时设置相应属性。

（2）根据合成的帧速率修改文字序列的帧速率。

（3）将所有素材拖曳到"时间轴"面板中，并利用选取工具▶适当调整所有素材的大小和位置。

（4）渲染与输出合成，并将其导出为AVI格式的视频文件。

（5）打包整理项目文件及所有素材，然后关闭文件。

微课视频

制作博物馆藏品
介绍视频模板

📽️ **课后练习** 制作动物科普视频模板

某动物园准备制作一个动物科普视频用于宣传，要求设计师先制作一个视频模板，尺寸为1920像素×1080像素。设计师需要先新建文件，导入相关的素材，然后调整素材的大小和位置，最后导出AVI格式的视频，并打包所有项目文件和素材，参考效果如图1-38所示。

图1-38 动物科普视频模板参考效果

图1-38　动物科普视频模板参考效果（续）

素材位置： 素材\项目1\老虎.mp4、老虎.png、背景.jpg、老虎介绍

效果位置： 效果\项目1\动物科普视频模板.avi、动物科普视频模板文件夹

项目2
影视编辑基本操作

通过对影视编辑基础知识的学习和软件基本操作的熟悉，米拉的学习能力得到了老洪的认可，于是老洪准备让她正式接触并独立完成一些完整的视频编辑任务。老洪挑选了较为简单的宣传片、宣传视频和纪录片任务，并告诉米拉："AE中的大部分操作都是围绕图层来进行的，因此图层在AE影视编辑中是较为基础的内容，你可以运用图层来完成这3个任务，还可以通过添加背景音乐来丰富视频的整体效果。"

学习目标

知识目标	● 熟悉图层的基础知识 ● 掌握图层的基本操作 ● 掌握音频的基本操作 ● 能够熟练运用图层混合模式和图层样式
素养目标	● 提升统筹和规划能力 ● 培养敏锐的观察力，能够识别出素材中的精髓部分并加以运用 ● 提升传统文化素养，增强文化底蕴和文化自信

任务2.1 制作传统文化宣传片

米拉先查看了传统文化宣传片的制作要求，以及客户提供的素材，然后大致规划了该宣传片的内容。待客户通过了她的方案后，她便开始思考如何利用图层的特性来处理素材，并通过剪辑素材、添加音频等操作，来制作完整的传统文化宣传片。

🔍 任务描述

任务背景	某节目以弘扬中华传统文化为目的，每期介绍不同的传统文化主题，现需要为最新一期以中药为主题的节目制作宣传片，以吸引更多观众观看
任务目标	① 制作尺寸为1920像素×1080像素、时长为20秒的宣传片
	② 裁剪视频，调整视频时长及播放速度，然后根据画面内容调整视频的播放顺序
	③ 完善视频，为视频添加字幕及背景音乐，并调整音量及播放范围
知识要点	拆分图层、删除图层、对齐图层、调整图层时长、调整图层属性、使用预合成图层、使用父子级图层、添加并调整音频

本任务的参考效果如图2-1所示。

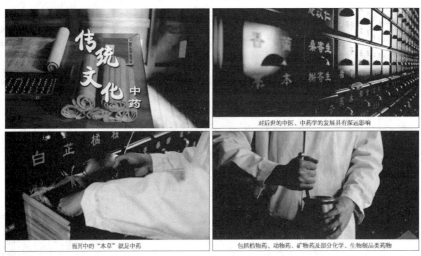

图2-1 传统文化宣传片参考效果

素材位置：素材\项目2\片头.mp4、书籍.mp4、中药.mp4、捣药.mp4、白色矩形.jpg、传统文化.png、传统文化音乐.mp3、传统文化文本

效果位置：效果\项目2\传统文化宣传片.aep、传统文化宣传片.avi

知识准备

米拉在查看客户提供的素材时，发现有些视频素材存在时长过长、播放速度过慢，以及音频素材音量较小、前期无声等问题。因此她准备先熟悉图层的特性及其基本操作，以便根据具体的问题来调整素材。

1. 认识图层

图层是构成合成的主要元素，如果没有图层，合成就只是一个空白的画面。一个合成中可以只存在一个图层，也可以存在成百上千个图层。单个空白的图层可以看作是一张透明的纸，将多张有内容的纸按照一定的顺序叠放在一起，纸上的所有内容就可以形成最终的画面效果。

（1）图层的类型

将"项目"面板中的素材拖曳至"时间轴"面板，将自动生成与素材名称相同的图层，且同一个素材可以作为多个图层的源。除此之外，还可根据需要新建不同类型的图层。在"时间轴"面板左侧的空白区域单击鼠标右键，在弹出的快捷菜单中选择"新建"命令，从子菜单中选择相应的命令即可新建图层，如图2-2所示，新建的图层将显示在图层控制区中。图2-3所示从上到下依次为包含文本内容的文本图层、空文本图层、纯色图层、灯光图层、摄像机图层、空对象图层、形状图层、调整图层。

图2-2 新建不同类型的图层

图2-3 图层控制区中的图层

- **文本图层：**用于承载文本对象，图层的名称默认为"<空文本图层>"，图层名称前的图标为 **T** 。在"合成"面板中输入文本，则该文本所在图层的名称将自动变为输入的文本内容。使用文字工具组中的工具在"合成"面板中单击定位文本插入点后，"时间轴"面板中也会自动新建一个文本图层。

- **纯色图层：**用于充当背景或其他图层的遮罩，也可以通过配合效果来制作特效。纯色图层的默认名称为该纯色图层的颜色名称＋"纯色"，图层名称前的图标为该纯色图层的颜色色块。

- **灯光图层：**用于充当三维图层（立体空间上的图层）的光源。如果要为某个图层添加灯光，需要先将二维图层转换为三维图层，然后才能设置灯光效果。灯光图层的默认名称为该图层的灯光类型，图层名称前的图标为 。

- **摄像机图层：**用于模仿真实的摄像机视角，通过平移、推拉、摇动等各种操作，来控制动态图形的运动效果，但也只能作用于三维图层。该图层的默认名称为"摄像机"，图层名称前的图标为 。

- **空对象图层：**虽然空对象图层不会被AE渲染出来，但它却具有很强的实用性。例如，当文件中有大量的图层需要做相同的设置时，可以先建立空对象图层，将需要做相同设置的图层通过父子关系链接到空对象图层，再调整空对象图层就能同时调整这些图层。另外，也可以将摄像机图层通过父子关系链接到空对象图层，通过移动空对象来实时控制摄像机。空对象图层的默认名称为"空"，图层名称前的图标为白色色块。

- **形状图层：** 用于建立各种简单或复杂的形状或路径，结合形状工具组和钢笔工具组中的各种工具可以绘制出各种形状。该图层的默认名称为"形状图层"，图层名称前的图标为 ★ 。
- **调整图层：** 调整图层类似于一个空白的图像，但应用于调整图层中的效果会全部应用于在它位置之下的所有图层，所以调整图层常用于统一调整画面色彩、特效等。该图层的默认名称为"调整图层"，图层名称前的图标也为白色色块。

另外，选择子菜单中的"内容识别填充图层"命令时，将自动打开"内容识别填充"面板，结合AE的跟踪功能，通过该面板创建相应图层，可以移除视频中不需要的对象。

可以使用分组管理素材的方法对图层进行编组吗？

AE不能对图层进行编组，若想将多个图层整合在一起，就需要通过嵌套来实现。具体操作方法为：将合成作为图层添加到另一个合成中，或选择多个图层后，按【Ctrl+Shift+C】组合键，打开"预合成"对话框，在其中设置新合成名称、图层时间范围等参数，再单击 确定 按钮，将所选图层创建为预合成图层。

疑难解析

（2）图层的基本属性

除了音频所在的图层外，其他类型的图层都具有锚点、位置、缩放、旋转和不透明度5种基本属性。在"时间轴"面板中单击图层图标左侧的 ✓ 按钮，可展开该图层，再单击"变换"栏左侧的 ✓ 按钮将其展开，即可看到这5种基本属性及其对应的参数值，如图2-4所示。其中锚点、位置和缩放属性的参数值代表x轴和y轴方向上的参数（x轴和y轴的数值起点在画面左上角）。

图2-4　图层的基本属性

- **锚点：** 设置锚点属性可以改变图层中对象移动、缩放、旋转的参考点。锚点所在的位置不同，变换的效果可能就会不同。默认情况下，锚点位于图层的中心位置。
- **位置：** 设置位置属性可以改变该图层中对象在合成中的位置。
- **缩放：** 设置图层的缩放属性可以使图层中的对象以锚点为中心，产生放大或缩小的效果。
- **旋转：** 设置图层的旋转属性可以使图层中的对象以锚点为中心进行旋转。旋转属性中"0x"的"0"代表旋转圈数，而后面的参数则为旋转度数，如"1x+26.0°"即表示旋转1圈加26度。
- **不透明度：** 设置图层的不透明度属性可以使图层中的对象产生半透明效果，其设置范围为"0%~100%"。

调整这些属性的参数后，单击 重置 按钮可将调整后的参数恢复到初始状态。

使用快捷键显示图层相关属性

若想快速显示需要调整的图层属性，可在选择图层后，按【A】键显示锚点属性，按【P】键显示位置属性，按【S】键显示缩放属性，按【R】键显示旋转属性，按【T】键显示不透明度属性。

知识补充

2. 图层的基本操作

通过对图层进行调整顺序、拆分等操作，可以有序地组织各个素材，便于进行影视编辑。

（1）选择图层

在编辑图层之前，需要先选择图层。除了在"合成"面板中直接单击选择所需图层中的对象外，还可以在"时间轴"面板中选择图层，被选择图层的背景颜色将变亮。具体操作可分为以下3种方式。

● **选择单个图层：** 直接单击选择单个图层。

● **选择多个连续图层：** 选择单个图层后，按住【Shift】键的同时再选择另一个图层，可以选择这两个图层及它们之间的所有图层。

● **选择多个不连续图层：** 按住【Ctrl】键的同时依次选择需要的图层。

知识补充

通过快捷键选择图层

按【Ctrl+↑】组合键可选择所选图层上方的图层，按【Ctrl+↓】组合键可选择所选图层下方的图层，按数字小键盘上的数字可选择对应序号的图层。在执行以上3个操作时，若同时按住【Shift】键可同时选择多个图层（前两种方式需要多次按【↑】键或【↓】键进行多选）。

（2）调整图层顺序

图层顺序决定着画面的渲染顺序，可通过以下两种方法调整图层顺序。

● **通过拖曳调整：** 选择需要移动的图层后，按住鼠标左键不放并将其拖曳至需要移动的位置，当出现蓝色线条时释放鼠标左键，可将图层移至蓝色线条所在位置，如图2-5所示。

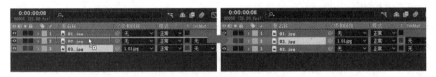

图2-5 通过拖曳调整图层顺序

● **通过菜单命令调整：** 选择需要移动的图层后，选择【图层】/【排列】命令，可在弹出的子菜单中选择"将图层置于顶层"（快捷键【Ctrl+Shift+]】）、"使图层前移一层"（快捷键【Ctrl+]】）、"使图层后移一层"（快捷键【Ctrl+[】）、"将图层置于底层"（快捷键【Ctrl+Shift+[】）等移动命令。

（3）拆分图层

在AE中，还可以通过拆分图层为各段视频制作不同的效果。具体操作方法为：选择需要拆分的图层，选择【编辑】/【拆分图层】命令，或按【Ctrl+Shift+D】组合键，所选图层将以当前时间指示器为参考位置，拆分为上下两个图层，如图2-6所示。

图2-6 拆分图层

（4）对齐与分布图层

如果图层中的对象在"合成"面板中排列不整齐，可通过"对齐"面板（见图2-7）进行调整。该面板主要有对齐和分布两个功能。

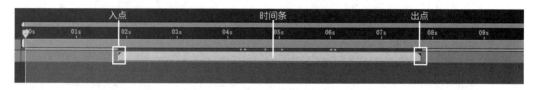

图2-7 "对齐"面板

- **对齐：** 对齐是指按某种规则将单个或多个图层以合成或选区（所选的所有图层）为参考进行对齐，依次为"左对齐"按钮、"水平对齐"按钮、"右对齐"按钮、"顶对齐"按钮、"垂直对齐"按钮、"底对齐"按钮。

- **分布：** 分布是指将3个或3个以上图层在水平或垂直方向上进行均匀分布，依次为"按顶分布"按钮、"垂直均匀分布"按钮、"按底分布"按钮、"按左分布"按钮、"水平均匀分布"按钮、"按右分布"按钮。

（5）调整图层的时长与速度

图层的时长与速度由时间线控制区中的时间条决定，而时间条可通过该图层的入点与出点（时间条的开始处是入点，结束处是出点），以及图层的持续时间与伸缩来调整，如图2-8所示。

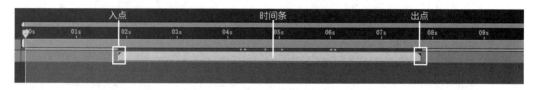

图2-8 时间条

设置图层的入点与出点有以下3种方法。

- **通过对话框设置：** 单击"时间轴"面板左下角的按钮，在展开的"入点/出点/持续时间/伸缩"窗格中单击"入"栏或"出"栏下方的参数，将打开"图层入（出）点时间"对话框（见图2-9），在其中可精确设置图层的入点与出点，然后单击 确定 按钮即可。

- **通过快捷键设置：** 选择图层后，通过拖曳时间指示器至某个时间点，按【[】键可将该时间点设置为入点，按【]】键可将该时间点设置为出点。

- **通过拖曳设置：** 将鼠标指针移动到图层的时间条上，按住鼠标左键不放并向左或向右拖曳，可快速调整图层的入点与出点，如图2-10所示；还可以将鼠标指针移至时间条的左侧或右侧，当鼠标指针变为形状时，按住鼠标左键不放并拖曳鼠标可直接调整图层的入点或出点。

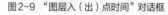

图2-9 "图层入（出）点时间"对话框

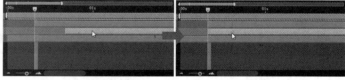

图2-10 通过拖曳修改图层的入点与出点

调整图层的持续时间与伸缩的方法为：在图层上单击鼠标右键，在弹出的快捷菜单中选择【时间】/【时间伸缩】命令，也可单击"持续时间"或"伸缩"栏下的参数，打开"时间伸缩"对话框（见图2-11），在其中设置持续时间与伸缩的相关参数。

- **"伸缩"栏：** 用于设置拉伸因数，从而让视频产生变速效果。当因数大于100%时可使视频播放速度变慢，当因数小于100%时可使视频播放速度变快。也可通过设置新的持续时间来调整图层的时长。

● **"原位定格"栏：** 用于设置以哪个时间点为基准伸缩时间条。单击选中"图层进入点"单选项，入点将在原位置保持不变，通过改变出点位置来伸缩时长；单击选中"当前帧"单选项，时间指示器所在位置将保持不变，通过改变出点和入点位置来伸缩时长；单击选中"图层输出点"单选项，出点将在原位置保持不变，通过改变入点位置来伸缩时长。

图2-11 "时间伸缩"对话框

（6）设置父子级图层

通过设置父子级图层可以在改变父级图层的某个属性时，同步修改子级图层的相应属性。具体操作方法为：打开图层的"父级和链接"栏对应的下拉列表，直接选择相应图层作为该图层的父级图层，或直接拖曳"父级和链接"栏下方的"父级关联器"按钮◎至父级图层上，如图2-12所示。

图2-12 通过拖曳按钮设置父子级图层

若需解除父子级图层关系，可在子级图层的"父级和链接"栏对应的下拉列表中选择"无"选项，或按住【Ctrl】键的同时单击子级图层的"父级关联器"按钮◎。

3. 音频的基本操作

将音频素材添加到"时间轴"面板后，展开该音频素材图层，可看到音频电平属性和音频的波形，如图2-13所示。其中，音频电平属性用于调整该音频的总音量，音频的波形可用于查看不同时间点音频的音量大小。

图2-13 展开音频素材图层

选择【窗口】/【音频】命令，可打开图2-14所示的"音频"面板，左侧为音量展示区域，右侧为音量增益滑块。

● **音量展示区域：** 在预览音频效果时，绿色的矩形条分别展示当前左右声道的音量大小，右侧的数值为音量刻度。

● **音量增益滑块：** 从左往右的3个滑块分别用于调整左声道、总声道及右声道的音量增益，即在原音量基础上的变化值，右侧的数值为音量刻度。当左右声道的音量不同时，总声道的滑块将位于两个滑块的中间位置。

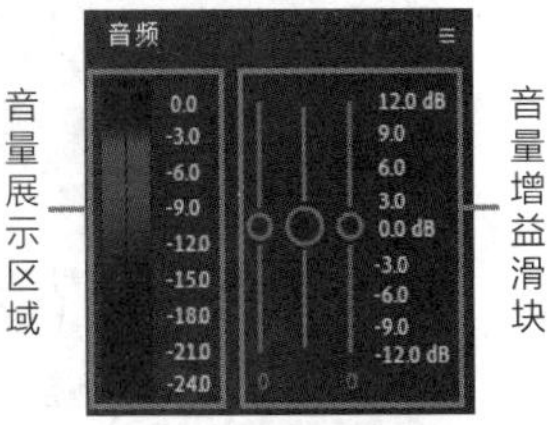

图2-14 "音频"面板

任务实施

1. 拆分并删除图层

由于视频素材需要调整的地方较多，米拉准备先通过拆分图层来删除视频素材中多余的部分，具体操作如下。

（1）新建名称为"传统文化宣传片"、尺寸为"1920像素×1080像素"、持续时间为"0:00:20:00"的合成，并导入所有视频素材。

（2）拖曳"片头.mp4"素材至"时间轴"面板，预览视频效果，可发现视频开头和结尾的画面较空，因此需要将其删除。将时间指示器移至0:00:10:00处，选择【编辑】/【拆分图层】命令，或按【Ctrl+Shift+D】组合键拆分图层，将该图层在当前时间点处拆分为两个，如图2-15所示。

图2-15　拆分图层

（3）将鼠标指针移至上方图层右侧的时间条处，按住鼠标左键不放向左拖曳鼠标，再按住【Shift】键不放，将图层入点对准0:00:00:00处，如图2-16所示。

（4）将时间指示器移至0:00:16:00处，按【Ctrl+Shift+D】组合键拆分所选图层。此时默认选中上方的图层，按住【Ctrl】键单击最下方的图层，如图2-17所示，然后按【Delete】键删除所选图层。

图2-16　调整图层入点

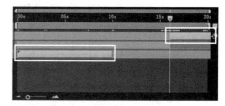

图2-17　选择多个图层

（5）拖曳"书籍.mp4"素材至"时间轴"面板，使用相同的方法在0:00:08:00处拆分图层，并删除拆分后的上方图层。

（6）拖曳"中药.mp4"素材至"时间轴"面板，在0:00:07:00处拆分图层，使两个画面分开。在选择上方图层的状态下，按【Enter】键激活图层名称下方的文本框，修改图层名称为"抓药"，如图2-18所示，便于后续处理时分辨图层内容。

图2-18　拆分图层并重命名图层

2. 调整图层的时长与播放速度

米拉发现调整后的视频时长仍然较长，预览各个视频画面后，发现可以适当加快图层的播放速度，以缩短视频时长，具体操作如下。

微课视频

调整图层的时长
与播放速度

（1）选择"片头.mp4"图层，在其上单击鼠标右键，在弹出的快捷菜单中选择【时间】/【时间伸缩】命令，打开"时间伸缩"对话框，设置新持续时间为"0:00:03:00"，单击选中"图层进入点"单选项，然后单击 **确定** 按钮，如图2-19所示，此时可发现该图层的出点已自动调整为"0:00:02:24"，如图2-20所示。

图2-19　修改持续时间

图2-20　查看调整效果

（2）使用与步骤（1）相同的方法分别调整"书籍.mp4""中药.mp4""抓药"图层的持续时间为"0:00:03:00""0:00:02:00""0:00:06:00"。

（3）拖曳"捣药.mp4"素材至"时间轴"面板，使用与步骤（1）相同的方法设置其持续时间为"0:00:08:00"。

（4）在"时间轴"面板中先选择"片头.mp4"图层，然后按住【Shift】键的同时单击选择"捣药.mp4"图层，再选择【动画】/【关键帧辅助】/【序列图层】命令，打开"序列图层"对话框，取消选中"重叠"复选框，单击 **确定** 按钮，如图2-21所示，此时将自动调整所有图层的入点，让视频在播放时可以无缝衔接。展开"转换控制""入点/出点/持续时间/伸缩"窗格可查看具体的时间点，如图2-22所示。

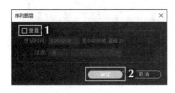

图2-21　序列图层

图2-22　查看时间点

知识补充

使用"序列图层"命令

"序列图层"命令可以将所选图层在时间线上重新按指定规律进行排列，且选择图层的顺序将决定其在时间线上出现的顺序。在"序列图层"对话框中，若取消选中"重叠"复选框，可使图层之间无缝连接；若单击选中"重叠"复选框，可在其下方设置图层之间的重叠时间及过渡方式。

3. 预合成图层并设置父子级图层

由于文本素材较多，因此米拉准备在"时间轴"面板中通过预合成图层来管理所有文本图层，并为文本图层和文本背景图层设置父子级图层，使文本内容能够随着文本背景图一起变换，具体操作如下。

微课视频

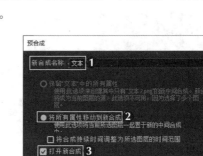

预合成图层并设置
父子级图层

（1）导入"白色矩形.jpg"素材及"传统文化文本"文件夹中的所有素材，然后在"项目"面板中将文本素材添加到"文本"文件夹中，如图2-23所示。

（2）依次拖曳"白色矩形.jpg"和"文本"文件夹中的"文本1.png~文本7.png"素材至"时间轴"面板。选择所有文本图层，单击鼠标右键，在弹出的快捷菜单中选择"预合成"命令，或按【Ctrl+Shift+C】组合键，打开"预合成"对话框，设置新合成名称为"文本"，选中"将所有属性移动到新合成"单选项和"打开新合成"复选框，然后单击 确定 按钮，如图2-24所示。

图2-23　管理素材　　　　　　　　　　　　图2-24　预合成图层

（3）此时将自动打开"文本"预合成。先根据文本的长短分别调整对应图层的持续时间，然后按照"文本1.png~文本7.png"的顺序调整图层顺序。将时间指示器移至0:00:03:00处，再选择所有图层，统一将图层的时间条向右拖曳，使文本在0:00:03:00后开始显示，如图2-25所示。

图2-25　调整图层的持续时间和入点

（4）在"时间轴"面板上方单击"传统文化宣传片"文本切换到该合成，先适当放大"文本"预合成，然后在图层控制区的属性上方单击鼠标右键，在弹出的快捷菜单中选择【列数】/【父级和连接】命令，显示出对应属性。

（5）打开"文本"预合成图层"父级和链接"栏对应的下拉列表，选择"白色矩形.jpg"图层作为该图层的父级图层，如图2-26所示，使"文本"预合成图层随父级图层进行变换。

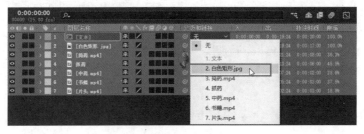

图2-26　设置父级图层

（6）选择"白色矩形.jpg"图层，然后在"对齐"面板中单击"底对齐"按钮 ，如图2-27所示，白色矩形及其子级图层都将与视频画面底部对齐，如图2-28所示。

图2-27　设置底对齐

图2-28　对齐效果

4. 调整图层属性

米拉发现客户提供的标题素材尺寸较大，且较为歪斜，不符合视频制作的需求，因此准备通过调整图层属性来进行优化，具体操作如下。

（1）导入"传统文化.png"素材并将其拖曳至"时间轴"面板，展开该图层，设置缩放为"70.0，70.0%"，旋转为"0x+4.0°"，不透明度为"90%"，如图2-29所示，前后对比效果如图2-30所示。

图2-29　调整图层属性

图2-30　调整图层属性的前后对比效果

（2）将"传统文化.png"素材的持续时间调整为"0:00:03:00"，使其与"片头.mp4"的持续时间相等，如图2-31所示。

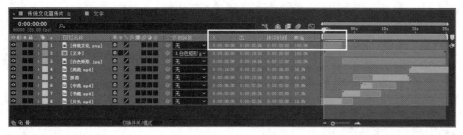

图2-31　调整素材的持续时间

5．添加并调整背景音乐

微课视频

添加并调整
背景音乐

米拉试听了背景音乐，发现存在音量过小、前期无声的问题，因此需要提高整体音量，并适当调整背景音乐的图层入点，具体操作如下。

（1）导入"传统文化音乐.mp3"素材并将其拖曳至"时间轴"面板，展开该图层及其下方的"波形"栏，如图2-32所示。

图2-32　展开音频图层

（2）设置音频电平为"+15.00dB"，再观察波形的出现位置，向左拖曳音频图层，使有背景音乐在刚开始就出现，如图2-33所示。

图2-33　调整音频图层

（3）查看最终效果，按【Ctrl+S】组合键保存文件，并将文件命名为"传统文化宣传片"，最后输出AVI格式的视频。

设计素养

设计师的自我修养、文学素养、文化底蕴及爱好都会在制作的作品中体现出来。因此，在制作与传统文化相关的视频时，设计师要充分理解和把握作品内涵。这要求设计师不仅要具备丰富的知识，更要重视自身的传统文化素养，并不断提高岗位所需的必要素养。

制作旅游宣传片

课堂练习

导入提供的素材，先拆分较长的视频素材并删除部分片段，然后调整视频素材的时长和播放速度，再利用父子级图层为视频制作字幕效果，添加主题文本素材并调整大小、旋转和缩放等，最后添加并编辑背景音乐，制作旅游宣传片。本练习的参考效果如图2-34所示。

效果预览

图2-34　旅游宣传片参考效果

素材位置：	素材\项目2\全景.mp4、日出.mp4、海滩.mp4、美食.mp4、日落.mp4、海岛行.png、蓝色矩形.jpg、旅游宣传音乐.mp3、旅游文本
效果位置：	效果\项目2\旅游宣传片.aep、旅游宣传片.avi

任务2.2　制作中秋活动宣传视频

　　通过制作传统文化宣传片，米拉对图层的运用越发熟练，于是她便开始积极准备制作中秋活动宣传视频。米拉查看新任务的资料后，开始搜集相关的素材，但部分素材与客户提供的背景不太搭配，老洪建议她通过调整图层混合模式和图层样式来优化这些素材。

 任务描述

任务背景	临近中秋，圆清月饼准备举办促销活动，并制作一个宣传视频投放到线下门店，让更多消费者了解活动信息，以刺激消费、提高销量
任务目标	① 制作尺寸为1920像素×1080像素、时长为10秒的宣传视频
	② 运用图层混合模式使星光、孔明灯素材更好地融入背景画面，营造出中秋的节日氛围
	③ 根据画面的色调，使用图层样式美化月亮素材和文本
知识要点	设置图层混合模式、设置图层样式、复制与粘贴图层样式

　　本任务的参考效果如图2-35所示。

图2-35　中秋活动宣传视频参考效果

素材位置：	素材\项目2\月亮背景.mp4、星光.mp4、孔明灯.mp4、模糊.aep、月亮.png、浓情中秋.png、月饼.png、月饼文本.png、活动宣传.mp3
效果位置：	效果\项目2\中秋活动宣传视频.aep、中秋活动宣传视频.avi

📦 知识准备

由于 AE 中的图层混合模式与图层样式种类较多，为了挑选出更适合中秋活动宣传视频的类型，米拉准备先熟悉图层混合模式和图层样式的相关知识。

1. 图层混合模式

图层混合模式是指当图层叠加时，将当前图层和下方图层的像素进行混合，从而得到特殊视觉效果的模式。选择图层（通常都是选择当前图层）后，选择【图层】/【混合模式】命令，或打开图层"模式"栏对应的下拉列表，即可进行图层混合模式的选择。

AE 中的图层混合模式可细分为 8 组，共 40 种，如图 2-36 所示，每组图层混合模式主要通过菜单中的分隔线进行分组，可产生相似或相近的效果和用途。

- **正常：** 使用正常模式组时，只有降低当前图层的不透明度才能产生效果。该组包括正常、溶解、动态抖动溶解 3 种混合模式，其中正常混合模式是默认的图层混合模式，表示不和其他图层发生任何混合。图 2-37 所示为正常混合模式的上下两个图层画面。

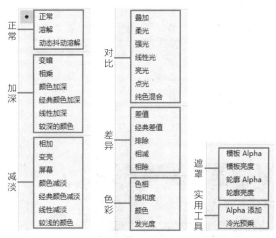

图 2-36　图层混合模式　　　　　图 2-37　正常混合模式的上下两个图层画面

- **加深：** 使用加深模式组可使画面颜色变暗，并且当前图层的白色将被较深的颜色所代替。该组包括变暗、相乘、颜色加深、经典颜色加深、线性加深、较深的颜色 6 种混合模式。图 2-38 所示为当前图层使用变暗混合模式的效果。
- **减淡：** 使用减淡模式组可使画面变亮，并且当前图层的黑色将被较浅的颜色所代替。该组包括相加、变亮、屏幕、颜色减淡、经典颜色减淡、线性减淡、较浅的颜色 7 种混合模式。图 2-39 所示为当前图层使用变亮混合模式的效果。

图 2-38　变暗混合模式的效果　　　　　图 2-39　变亮混合模式的效果

- **对比：** 使用对比模式组可增强画面的反差，并且当前图层中亮度为50%的灰色像素将会消失，亮度高于50%的灰色像素可加亮下方图层的颜色，亮度低于50%的灰色像素可使下方图层的颜色变暗。该组包括叠加、柔光、强光、线性光、亮光、点光、纯色混合7种混合模式。图2-40所示为当前图层使用叠加混合模式的效果。

- **差异：** 使用差异模式组可比较当前图层和下方图层的颜色，利用源颜色和基础颜色的差异创建颜色。该组包括差值、经典差值、排除、相减、相除5种混合模式。图2-41所示为当前图层使用差值混合模式的效果。

图2-40 叠加混合模式的效果

图2-41 差值混合模式的效果

- **色彩：** 使用色彩模式组可将两个图层中的色彩划分为色相、饱和度和亮度3种成分，然后将其中的一种或两种成分互相混合。该组包括色相、饱和度、颜色、发光度4种混合模式。图2-42所示为当前图层使用色相混合模式的效果。

- **遮罩：** 使用遮罩模式组可将当前图层转换为所有下方图层的遮罩。该组包括模板Alpha、模板亮度、轮廓Alpha、轮廓亮度4种混合模式。图2-43所示为当前图层使用模板亮度混合模式的效果。

图2-42 色相混合模式的效果

图2-43 模板亮度混合模式的效果

- **实用工具：** 该组主要包括Alpha添加和冷光预乘两种混合模式。使用Alpha添加可为下方图层与当前图层的Alpha通道创建无缝的透明区域，使用冷光预乘可以将当前图层的透明区域像素作用于下方图层，赋予Alpha通道边缘透镜和光亮的效果。

2. 图层样式

当图层中的素材或文本等元素较为单调时，设计师可以使用图层样式来美化元素，具体操作方法为：选择图层后，选择【图层】/【图层样式】命令，根据需要在弹出的子菜单中选择图层样式。AE共有以下9种图层样式。

- **投影：** 用于模拟图层受到光照后产生的投影效果。图2-44所示为原图，图2-45所示为应用投影图层样式的效果。在"时间轴"面板中展开该图层的"图层样式"栏，可通过设置相应的参数来调整样式效果，如图2-46所示。

● **内阴影：** 用于在图层边缘的内侧添加阴影，使画面呈现出凹陷的效果，如图2-47所示。

图2-44　原图

图2-45　投影效果

图2-46　投影参数

图2-47　内阴影效果

● **外发光：** 用于为图层边缘的外侧添加发光效果，图2-48所示为添加蓝色外发光的效果。

● **内发光：** 用于为图层边缘的内侧添加发光效果，图2-49所示为添加红色内发光的效果。

● **斜面和浮雕：** 用于为图层添加高光和阴影效果，从而产生凸出或凹陷的效果，如图2-50所示。

● **光泽：** 用于在图层上层添加一种光线遮盖的效果，如图2-51所示。

图2-48　外发光效果

图2-49　内发光效果

图2-50　斜面和浮雕效果

图2-51　光泽效果

● **颜色叠加：** 用于在图层上叠加指定的颜色，图2-52所示为叠加不透明度为"30%"的紫色的效果。

● **渐变叠加：** 用于在图层上叠加指定的渐变颜色，图2-53所示为叠加绿色到黄色渐变的效果。

● **描边：** 用于使用颜色对图层进行描边，图2-54所示为使用橙色描边的效果。

图2-52　颜色叠加效果

图2-53　渐变叠加效果

图2-54　描边效果

⚒ 任务实施

1. 调整素材并使用图层混合模式

米拉仔细研究了图层混合模式的效果，发现减淡模式组中的图层混合模式可将图层中的黑色替换为较浅的颜色，而"星光.mp4""孔明灯.mp4"素材中都存在大量的黑色，因此米拉准备对这两个素材使用减淡模式组中的图层混合模式来制作中秋夜空的背景，具体操作如下。

（1）新建名称为"中秋活动宣传视频"、尺寸为"1920像素×1080像素"、持续时间为"0:00:10:00"的合成，导入所有素材。

微课视频

调整素材并使用
图层混合模式

（2）拖曳"月亮背景.mp4"素材至"时间轴"面板，然后按【Ctrl+Alt+F】组合键，使其与合成等大，如图2-55所示。

（3）拖曳"星光.mp4"素材至"时间轴"面板，单击前方的 ◀ 按钮关闭音频，然后打开"模式"栏对应的下拉列表，选择"相加"选项，如图2-56所示，使用相加混合模式的前后对比效果如图2-57所示。

图2-55　调整图层大小

图2-56　关闭音频并选择"相加"选项

图2-57　使用相加混合模式的前后对比效果

（4）拖曳"孔明灯.mp4"素材至"时间轴"面板，并在"合成"面板中将其向上拖曳，使其底部与海平面对齐，然后设置不透明度为"60%"。再使用与步骤（3）相同的方法为该图层设置变亮混合模式，将时间指示器移至0:00:02:00处，效果如图2-58所示。

（5）为使画面更加逼真，可为孔明灯制作水面倒影。按【Ctrl+D】组合键复制"孔明灯.mp4"图层，选择【图层】/【变换】/【垂直翻转】命令，然后使复制图层的顶部与海平面对齐，再设置不透明度为"30%"，效果如图2-59所示。

图2-58　使用变亮混合模式的效果　　　　　图2-59　制作水面倒影的效果

（6）完成背景制作后，将时间指示器移至0:00:00:00处，按【空格】键查看效果，如图2-60所示。

图2-60　查看背景效果

微课视频

添加图层样式

2. 添加图层样式

米拉觉得视频素材中的月亮不够明亮，因此她准备先添加一个月亮的图像，再为其添加图层样式，提高其亮度。另外，米拉还需要在最后添加相关的文本和月饼图像，并使用不同的图层样式为文本制作特殊效果，具体操作如下。

（1）拖曳"月亮.png"素材至"时间轴"面板，适当调整位置，使其与背景中的月亮重合。选择【图层】/【图层样式】/【外发光】命令，此时"时间轴"面板中该图层下方将出现"外发光"栏，展开后设置颜色为"#FBF59E"，扩展为"1.0%"，大小为"70.0"。月亮的前后对比效果如图2-61所示。

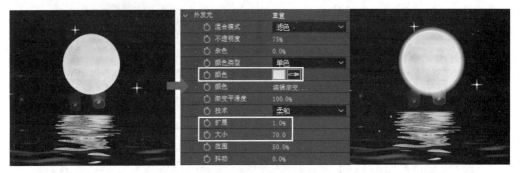

图2-61　月亮的前后对比效果

（2）在"项目"面板中展开"模糊.aep"栏，打开其中的"模糊"合成，然后复制其中的"调整图层1"图层，再将其粘贴到"中秋活动宣传视频"合成中，视频画面将在0:00:05:00—0:00:06:00逐渐变得模糊，如图2-62所示。

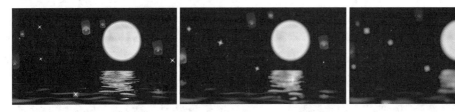

图2-62　视频画面逐渐模糊的效果

（3）拖曳"浓情中秋.png"素材至"时间轴"面板，适当调整大小和位置，然后选择【图层】/【图层样式】/【颜色叠加】命令，展开"颜色叠加"栏，并设置颜色为"#FFB400"，文本颜色的前后对比效果如图2-63所示。

图2-63　文本颜色的前后对比效果

（4）选择【图层】/【图层样式】/【光泽】命令，展开"光泽"栏，设置颜色为"#EB676A"，其他参数设置如图2-64所示，效果如图2-65所示。

图2-64 设置光泽

图2-65 添加光泽图层样式后的效果

（5）拖曳"月饼.png"素材至"时间轴"面板，适当调整大小，将其放在视频画面的左下角，如图2-66所示。选择【图层】/【图层样式】/【描边】命令，展开"描边"栏，设置颜色为"#FFFFFF"，大小为"12.0"，如图2-67所示。

图2-66 调整素材

图2-67 添加描边图层样式后的效果

（6）拖曳"月饼文本.png"素材至"时间轴"面板，适当调整大小，将其放在月饼右侧。选择【图层】/【图层样式】/【投影】命令，然后保持默认设置不变。

（7）选择【图层】/【图层样式】/【渐变叠加】命令，展开"渐变叠加"栏，单击颜色属性右侧的 编辑渐变 按钮，打开"渐变编辑器"对话框。在对话框中先单击渐变条左下角的色标，设置颜色为"#CC8600"，然后设置右下角色标的颜色为"#FFF957"，再向右拖曳颜色中点，如图2-68所示，最后单击 确定 按钮，文本的前后对比效果如图2-69所示。

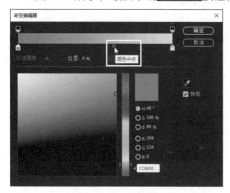

图2-68 拖曳颜色中点

图2-69 添加渐变叠加图层样式的效果

（8）分别设置"浓情中秋.png""月饼.png""月饼文本.png"素材所在图层的入点为"0:00:05:00""0:00:05:15""0:00:06:00"，如图2-70所示。

图2-70 调整图层入点

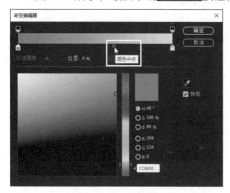

（9）拖曳"活动宣传.mp3"素材至"时间轴"面板，按【Ctrl+S】组合键保存文件，并将文件命名为"中秋活动宣传视频"，最后输出AVI格式的视频。

制作《中秋月正圆》晚会宣传视频

课堂练习　导入提供的素材，利用图层混合模式将灯笼和月亮的视频素材与背景融合，然后结合光泽、渐变叠加、内发光等图层样式美化文本效果，最后修改文本素材所在图层的入点，使文本素材在视频后期才出现，最终制作出《中秋月正圆》晚会宣传视频。本练习的参考效果如图2-71所示。

效果预览

图2-71　《中秋月正圆》晚会宣传视频参考效果

素材位置： 素材\项目2\晚会背景.mp4、灯笼.mp4、月亮上升.mp4、中秋月正圆.png、晚会文本.png、晚会宣传.mp3

效果位置： 效果\项目2\《中秋月正圆》晚会宣传视频.aep、《中秋月正圆》晚会宣传视频.avi

综合实战　制作《人与自然》纪录片

　　米拉独立完成了两个视频制作任务，为了进一步提升她的技术和能力，老洪将《人与自然》纪录片的制作任务交给她，并告诉她在这一任务中客户提供了许多视频素材，因此需要先构思纪录片的视频画面内容，再挑选合适的素材。

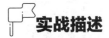
实战描述

实战背景	某摄影组拍摄了一组自然风光的视频素材，准备制作出一则简短的纪录片上传到各大平台中，便于人们在碎片化的时间中快速观看，并从中了解到人与自然和谐共生的意义
实战目标	①制作尺寸为1920像素×1080像素、时长为1分10秒的视频
	②适当调整视频素材的大小、内容和时长等，并使各个视频素材无缝衔接，让视频画面流畅、自然
	③添加字幕，并调整显示时长，最后添加背景音乐并调整音量，完善视频效果
知识要点	拆分并删除图层、使用序列图层、调整图层的时长和属性、使用预合成图层、使用父子级图层、添加并调整音频、设置图层混合模式、设置图层样式、复制与粘贴图层样式

本实战的参考效果如图2-72所示。

图2-72 《人与自然》纪录片参考效果

素材位置： 素材\项目2\《人与自然》视频、《人与自然》文本、《人与自然》背景音乐.mp3

效果位置： 效果\项目2\《人与自然》纪录片.aep、《人与自然》纪录片.avi

思路及步骤

由于视频素材存在时长过长、画面大小不一致等问题，因此在制作本案例时，需要先根据制作需求来调整画面内容，然后再添加光效和字幕，并适当调整字幕的时长。本例的制作思路如图2-73所示，参考步骤如下。

① 调整视频素材的时长、播放速度、内容等

② 为画面添加光效

③ 添加字幕并调整字幕时长

图2-73 制作《人与自然》纪录片的思路

（1）新建符合要求的合成，导入所有素材，依次拖曳视频素材至"时间轴"面板，并关闭所有音频。

（2）通过拆分与删除图层删减画面内容，然后再调整视频素材的时长和播放速度。若视频素材尺寸与合成尺寸不一致，则需单独进行调整。

（3）将视频素材按播放顺序排列好后，利用序列图层使其无缝衔接。

（4）在"时间轴"面板中添加光效的视频素材，使其与最后一段风景视频素材的时长一致，并利用图层混合模式让光效融合在画面中。

（5）拖曳所有的文本素材至画面中，将其中一个图层设置为其他图层的父级图层，以便统一调整大小和位置。

（6）为文本添加图层样式，根据文本的长短调整图层的入点和出点，再将文本图层创建为预合成图层。

（7）添加背景音乐并调整音量，最后保存与命名文件，并输出AVI格式的视频。

微课视频

制作《人与自然》纪录片

设计素养

良好的生态环境是人类生存和发展的根基，尊重自然、顺应自然、保护自然和谐共生，是全面建设社会主义现代化国家的内在要求。正如党的二十大报告所提到的："我们坚持可持续发展，坚持节约优先、保护优先、自然恢复为主的方针，像保护眼睛一样保护自然和生态环境，坚定不移走生产发展、生活富裕、生态良好的文明发展道路，实现中华民族永续发展。"设计师在制作该类视频时，应选取色彩较为丰富、亮丽的素材，突出生态环境的优美，并结合相关字幕增强说服力，以便从中体现出保护生态环境的重要性。

课后练习 制作《黄山之景》纪录片

某节目以展示中国的大好河山为主题，让观众在名山大川中感受"中国美"，诠释蕴藏在山川江海背后的人文情怀与文化底蕴。现提供黄山的视频素材、相关文案及背景音乐，需要设计师制作一部简短的纪录片，尺寸为1280像素×720像素。设计师需要先查看视频素材，然后对其进行删减、排序、调整播放速度等操作，再添加并美化字幕，最后添加背景音乐，制作出完整的《黄山之景》纪录片，参考效果如图2-74所示。

效果预览

图2-74 《黄山之景》纪录片参考效果

素材位置： 素材\项目2\《黄山之景》视频、《黄山之景》文本、《黄山之景》背景音乐.mp3

效果位置： 效果\项目2\《黄山之景》纪录片.aep、《黄山之景》纪录片.avi

项目3
制作动画效果

情景描述

经过几周的实习，米拉在老洪和同事的帮助下逐渐熟悉了工作流程，也更加熟悉AE的基本操作。

临近国庆，同时恰逢多个新节目开播，公司接到了许多视频制作的任务，于是老洪在其中挑选了3个不同类型的任务交给米拉，并告诉她："在制作这些视频时，可以适当地添加一些动画效果，这样不仅能增强视频的视觉冲击力，还能有效突出其中的重点信息。"米拉听到后便开始着手研究任务资料，准备针对客户需求和视频特点制作不同的动画效果。

学习目标

知识目标	● 了解关键帧的基础知识并掌握关键帧的基本操作 ● 掌握文字工具组和形状工具组的使用方法 ● 能够使用关键帧制作动画效果 ● 能够为文本和形状制作动画效果
素养目标	● 培养良好的工作习惯，树立稳定、积极、不断进取的工作态度 ● 培养创新思维，提高创造力

任务3.1　制作《欢度国庆》晚会舞台背景动画

米拉先根据客户需求搜集并整理了相关素材，适当排版这些素材，制作出了晚会舞台静态背景的雏形，然后将其交予客户询问修改意见，并在此基础上继续调整，准备为其中的设计元素制作动画效果。

任务描述

任务背景	临近国庆，某电视台准备举办主题为"欢度国庆"的晚会，该晚会的舞台策划组需要设计师制作一个不超过10秒的舞台背景动画在晚会开场时使用，以吸引观众，顺利引入主题
任务目标	① 制作尺寸为1920像素×1080像素、时长为8秒的背景动画
	② 视频画面主色调为红色，视觉效果简约、大气，让观众能够从中感受到晚会的氛围，还要展现出"欢度国庆"主题文本
	③ 根据视频画面的元素位置分析其变化的方式，利用不同属性的关键帧分别为背景元素、文本及装饰元素制作动画，并优化动画的播放效果
知识要点	添加关键帧、编辑关键帧、复制关键帧、扩展关键帧、关键帧运动路径、图表编辑器、关键帧插值

本任务的参考效果如图3-1所示。

图3-1 《欢度国庆》晚会开场背景动画参考效果

素材位置： 素材\项目3\晚会舞台背景.psd、欢度国庆.png、鸽子1.png、鸽子2.png

效果位置： 效果\项目3\《欢度国庆》晚会开场背景动画.aep、《欢度国庆》晚会开场背景动画.avi

知识准备

根据客户的意见，米拉调整并最终确定了背景画面的整体布局，在考虑为画面中的设计元素添加动画效果时，由于涉及位置、不透明度和缩放等属性的变化，因此她准备利用图层属性的关键帧来制作动画效果。为了制作出流畅的动画效果，并有效提高工作效率，米拉准备先熟悉关键帧的基本操作及编辑方法。

1. 关键帧的基本操作

若要让某个对象具有动画效果，可以在不同的时间点为该对象的某个属性添加两个参数不同的关键帧，一个对应变化开始的状态，另一个对应变化结束的状态，然后AE将自动在两个关键帧之间创建流畅的动画效果。图3-2所示为给文本的缩放、旋转和不透明度属性添加不同参数的关键帧后，AE根据参数的变化所自动生成的动画效果。

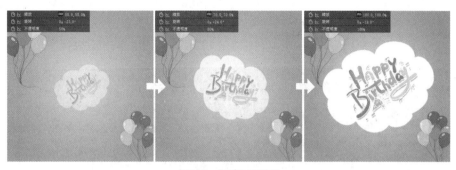

图3-2　文本的动画效果

利用关键帧制作动画效果需要掌握以下基本操作。

（1）开启与添加关键帧

以图层的位置属性为例，若要为其添加关键帧，需要在"时间轴"面板中展开图层的"变换"栏，然后单击位置属性名称左侧的"时间变化秒表"按钮 🕐，单击后该按钮将呈激活状态 🕐，表示开启该属性的关键帧，且自动在当前时间指示器所在位置添加一个关键帧 ◆，以记录当前属性值，另外，此时位置属性最左侧还会显示 ◀ ◆ ▶ 按钮组，如图3-3所示。

图3-3　开启与添加关键帧

开启关键帧后可通过以下3种方法为当前属性添加新的关键帧。

- **通过按钮组**：先将时间指示器移至其他时间点，然后单击 ◀ ◆ ▶ 按钮组中的 ◆ 按钮，可在该时间点添加一个关键帧。

◀ ◆ ▶ 按钮组的作用

当某个属性中存在多个关键帧时，单击 ◀ ◆ ▶ 按钮组中的 ◀ 按钮可使时间指示器从当前位置跳转到上一关键帧所在位置，单击 ▶ 按钮可使时间指示器从当前位置跳转到下一关键帧所在位置。

知识补充

- **通过修改参数**：先将时间指示器移动至其他时间点，然后直接修改该属性的参数，将自动添加一个关键帧。

- **通过菜单命令：**先将时间指示器移至其他时间点，然后选择【动画】/【添加关键帧】命令，可在该时间点添加一个关键帧。

（2）选择与移动关键帧

当需要单独选择某个关键帧时，可直接使用选取工具 ▶ 单击该关键帧，被选中的关键帧呈 ◆ 状态。若需要同时选择多个关键帧，可根据具体需求采用以下方法。

- **选择连续的关键帧：**选择选取工具 ▶，按住鼠标左键不放并拖曳鼠标，框选需要选择的关键帧；或在按住【Shift】键的同时，使用选取工具 ▶ 依次单击需要选择的关键帧。
- **选择某个属性的所有关键帧：**在关键帧上单击鼠标右键，在弹出的快捷菜单中选择"选择相同关键帧"命令，如图3-4所示；或直接在"时间轴"面板中单击属性名称。

图3-4 选择相同关键帧

- **选择前面的关键帧：**在关键帧上单击鼠标右键，在弹出的快捷菜单中选择"选择前面的关键帧"命令，可选择该关键帧及其所在时间点之前具有相同属性的所有关键帧。
- **选择跟随关键帧：**在关键帧上单击鼠标右键，在弹出的快捷菜单中选择"选择跟随关键帧"命令，可选择该关键帧及其所在时间点之后具有相同属性的所有关键帧。

选择关键帧后，将鼠标指针移至任意一个被选中的关键帧上，按住鼠标左键并左右拖曳，可直接移动关键帧至其他时间点处。

（3）删除与关闭关键帧

当存在多余关键帧时，可在选中它们之后按【Delete】键或【Backspace】键删除；当需要删除某个属性的所有关键帧时，可单击该属性名称左侧的"时间变化秒表"按钮 ⏱ 关闭关键帧，此时若该属性的多个关键帧的参数不一致，则该属性的参数将设置为时间指示器所在时间点的参数。

（4）复制与粘贴关键帧

为了提高工作效率，有时可以直接复制、粘贴关键帧，具体操作方法为：选择需要复制的关键帧，选择【编辑】/【复制】命令，或按【Ctrl+C】组合键复制关键帧，将时间指示器移至需要粘贴的时间点，选择【编辑】/【粘贴】命令，或按【Ctrl+V】组合键粘贴关键帧。粘贴后的关键帧将保持被选中状态，如图3-5所示。

（5）扩展与收缩一组关键帧

若需要调整一组关键帧生成的动画时长，且不改变关键帧的数量，则可选择该组中的3个或3个以上关键帧，按住【Alt】键，将鼠标指针移至最左或最右侧的关键帧上方，然后按住鼠标左键不放并向左或向右拖曳鼠标，即可扩展或收缩该组关键帧。图3-6所示为扩展一组关键帧的前后效果。

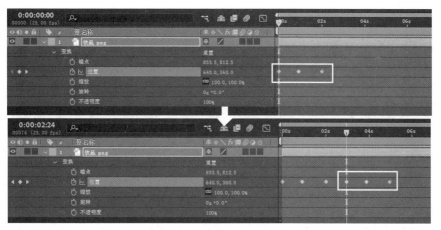

图3-5　复制与粘贴关键帧

图3-6　扩展一组关键帧

2. 关键帧的运动路径

当为对象的空间属性（可以改变时间和位置的属性，如位置、锚点）制作动画效果后，AE将在"合成"面板中自动生成一条运动路径，如图3-7所示。

- **方框：** 方框代表关键帧，单击选中某个方框时，可同时选中"时间轴"面板中对应的关键帧。
- **圆点：** 圆点代表帧，圆点的密度也代表着关键帧之间的相对速度，密度越大则速度越慢。
- **锚点：** 锚点所在位置代表当前时间点对象在运动路径中的位置。

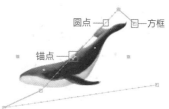

图3-7　关键帧的运动路径

50

为什么关键帧运动路径有时会显示不完整？

当关键帧的运动路径关键帧数量过多，或时间跨度较大时，其在"合成"面板中将无法完整显示。此时可选择【编辑】/【首选项】/【显示】命令，打开"首选项"对话框，单击选中"没有运动路径"单选项可以隐藏运动路径，单击选中"所有关键帧"单选项可以显示完整的运动路径，还可以通过调整关键帧数量和时间跨度来控制运动路径的显示范围。

（1）调整关键帧的运动路径

要想调整关键帧的运动路径，除了可以在"时间轴"面板中修改相关参数或添加、删除关键帧外，还可以直接在"合成"面板中进行调整，具体操作主要有以下3种。

● **调整关键帧位置：** 选择选取工具，将鼠标指针移至运动路径的方框上方，按住鼠标左键不放并拖曳鼠标，可直接调整关键帧的位置，如图3-8所示。

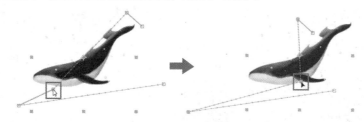

图3-8 调整关键帧的位置

● **添加或删除关键帧：** 选择钢笔工具或添加"顶点"工具，在运动路径的圆点中单击可添加关键帧，且"时间轴"面板中也将在相应的时间点添加关键帧，如图3-9所示。使用删除"顶点"工具单击选择运动路径中的方框，可删除对应关键帧。

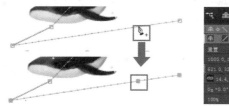

图3-9 添加关键帧

● **将直线转换为曲线：** 选择钢笔工具或转换"顶点"工具，将鼠标指针移至运动路径的方框上方，按住鼠标左键不放并拖曳鼠标可将两侧的直线转换为曲线，如图3-10所示，后续可通过拖曳两侧的控制柄来调整曲线的形状。再次使用转换"顶点"工具单击该方框，可恢复直线状态。

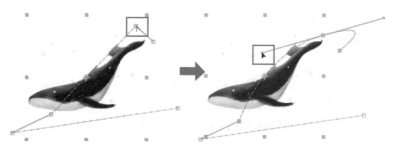

图3-10 将直线转换为曲线

（2）设置自动方向

已添加关键帧的对象在沿着运动路径移动时，并不会随着路径的转向而改变方向，因此动画效果可能会不太真实。若是单独为对象再添加旋转属性的关键帧，操作会较为复杂，此时可为该对象设置自动方向，具体操作方法为：选择对象所在图层，选择【图层】/【变换】/【自动方向】命令，或按【Ctrl+Alt+O】组合键，打开"自动方向"对话框，单击选中"沿路径定向"单选项，单击 确定 按钮，如图3-11所示，使对象能够根据路径的转向而改变方向，图3-12所示为对纸飞机对象设置自动方向的前后对比效果。

图3-11 "自动方向"对话框

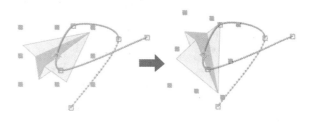

图3-12 对纸飞机对象设置自动方向的前后对比效果

3. 认识图表编辑器

若想进一步调整关键帧，让动画效果更加自然，可在"时间轴"面板中单击"图表编辑器"按钮，或按【Shift+F3】组合键将时间线控制区由图层模式切换到图表编辑器模式，此时在"时间轴"面板中选择对象的某个属性，图表编辑器中将会显示该属性的关键帧图表，如图3-13所示，其中实心方框代表选中的关键帧，空心方框代表未被选中的关键帧。

图3-13 图表编辑器

图表编辑器使用二维图表来表示对象的属性变化，其中水平方向的数值表示时间，垂直方向的数值表示属性的参数值，将鼠标指针移至连接关键帧线条的上方可显示该时间点的具体属性参数。另外，可通过图表编辑器下方不同的按钮调整图表编辑器的显示效果，以及改变关键帧的变化速率，各按钮作用如下。

- **"选择具体显示在图表编辑器中的属性"按钮**：单击该按钮，在弹出的下拉列表中可选择显示所选择的属性、所选图层中所有存在关键帧的属性，或所有在图表编辑器中出现的属性。
- **"选择图表类型和选项"按钮**：单击该按钮，在弹出的下拉列表（见图3-14）中可选择显示的图表类型和选项。图表编辑器对于空间属性默认显示速度图表，而对于时间属性（不能改变位置、只能改变时间的属性，如不透明度）默认显示值图表，如图3-15所示。

图3-14 选择图表类型和选项

图3-15 值图表

- **"选择多个关键帧时，显示‘变换’框"按钮▦：** 单击该按钮，在选择多个关键帧时，可使用变换框同时调整。
- **"对齐"按钮▣：** 单击该按钮，在拖曳关键帧时，该关键帧会自动与关键帧值、关键帧时间、当前时间、入点和出点、标记等位置对齐，且会显示一条橙色的线以指示对齐到的对象，如图3-16所示。若未选中该按钮，拖曳关键帧的同时按住【Ctrl】键也能达到同样的效果。

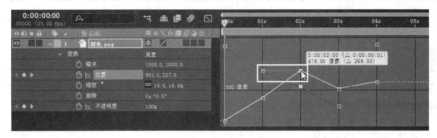

图3-16　使用对齐功能

- **"自动缩放图表高度"按钮▣：** 单击该按钮，将自动缩放图表的高度，以适合查看和编辑关键帧。
- **"使选择适于查看"按钮▣：** 单击该按钮，可以调整图表的值和水平刻度，以适合查看和编辑所选择的关键帧。
- **"使所有图表适于查看"按钮▣：** 单击该按钮，可以调整图表的值和水平刻度，以适合查看和编辑所有关键帧。
- **"单独尺寸"按钮▣：** 选择位置属性后，单击该按钮，可将该属性分为"X位置"和"Y位置"两个属性，如图3-17所示，以分别调整对象在不同方向上的变化速度。再次单击该按钮可恢复为原来（X，Y）形式的单个属性。

图3-17　将位置属性分为单独的两个属性

- **"编辑选定的关键帧"按钮▣：** 单击该按钮，可在弹出的下拉列表中选择命令进行编辑，该下拉列表的内容与在关键帧上单击鼠标右键所弹出的快捷菜单的内容相同。
- **"将选定的关键帧转换为定格"按钮▣、"将选定的关键帧转换为‘线性’"按钮▣、"将选定的关键帧转换为自动贝塞尔曲线"按钮▣：** 选择关键帧后，单击相应的按钮，可将所选关键帧转换为对应的插值方法。

关键帧插值

知识补充

　　插值是指在两个已知的属性值之间填充未知数据的过程。在AE中创建两个及两个以上不同参数的关键帧后，AE会自动在关键帧之间插入中间过渡值，这个值就是关键帧插值。关于关键帧插值的具体信息，可扫描右侧的二维码查看。

知识补充

关键帧插值

- **"缓动"按钮、"缓入"按钮、"缓出"按钮：** 选择关键帧后，单击"缓动"按钮可使动画的整体变化效果变得平滑，单击"缓入"按钮可使动画入点变得平滑，单击"缓出"按钮可使动画出点变得平滑。另外，若是在图层模式下设置这些效果，可在选择关键帧后按【Shift+F9】组合键，关键帧将变为形状（表示缓动）；按【Ctrl+Shift+F9】组合键，关键帧将变为形状（表示缓入）；按【F9】键，关键帧将变为形状（表示缓出）。

4. 编辑图表

在图表编辑器中，可以通过编辑图表来改变相关属性对应的关键帧动画，其基本操作主要有以下两种。

- **直接拖曳关键帧：** 在图表编辑器中，使用选取工具向左或向右拖曳关键帧，可改变时间点的位置；向上或向下拖曳关键帧，可改变该属性值的大小。图3-18所示为向左上方拖曳位置属性关键帧的效果，在鼠标指针右上方的黄色矩形中，图标右侧的参数表示在原数值上减少（带有"-"号）或增加的数值。

图3-18　拖曳关键帧

- **使用钢笔工具组：** 与编辑关键帧运动路径的方法相同，使用添加"顶点"工具或删除"顶点"工具在图表中单击可添加或删除关键帧。使用转换"顶点"工具在关键帧上单击可将线性插值变为自动贝塞尔插值；在关键帧上按住鼠标左键不放并拖曳鼠标指针可将线性插值变为连续贝塞尔插值，如图3-19所示，若此时调整控制柄，可再变为贝塞尔曲线插值。

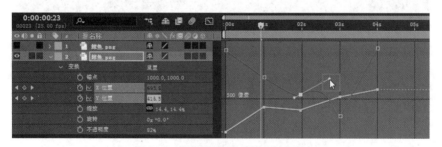

图3-19　将线性插值变为连续贝塞尔插值

知识补充

其他修改关键帧插值的方法

选择关键帧后，选择【动画】/【关键帧插值】命令，或按【Ctrl+Alt+K】组合键，在打开的"关键帧插值"对话框中可选择新的插值方法。另外，在图层模式中，图标代表线性插值，图标代表连续贝塞尔插值或贝塞尔曲线插值，图标代表自动贝塞尔插值，图标代表定格插值。

任务实施

1. 为背景元素添加关键帧

微课视频

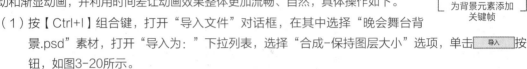

为背景元素添加
关键帧

米拉准备先利用位置和不透明度属性的关键帧为背景画面中的装饰元素制作移动和渐显动画,并利用时间差让动画效果整体更加流畅、自然,具体操作如下。

(1)按【Ctrl+I】组合键,打开"导入文件"对话框,在其中选择"晚会舞台背景.psd"素材,打开"导入为:"下拉列表,选择"合成-保持图层大小"选项,单击 导入 按钮,如图3-20所示。

(2)打开"晚会舞台背景.psd"对话框,单击选中"可编辑的图层样式"单选项,然后单击 确定 按钮,如图3-21所示。打开"晚会舞台背景"合成,并设置该合成持续时间为"8s"。

图3-20 导入文件

图3-21 选择图层选项

(3)为便于查看效果,在"时间轴"面板中隐藏除"背景""建筑"外的所有图层。先为建筑图形制作移动动画,将时间指示器移至0:00:01:00处,选择"建筑"图层,按【P】键显示位置属性,单击位置名称左侧的"时间变化秒表"按钮,开启关键帧,如图3-22所示。

图3-22 开启位置属性关键帧

(4)将时间指示器移至起始处,按住【Shift】键的同时,在"合成"面板中使用选取工具 向下拖曳建筑图形,此时将自动添加关键帧,如图3-23所示。

图3-23 添加位置属性关键帧

（5）保持选择"建筑"图层，按【T】键显示不透明度属性，为其开启关键帧后设置不透明度为"0%"，再将时间指示器移至0:00:01:00处，设置不透明度为"50%"，建筑图形的动画效果如图3-24所示。

图3-24 建筑图形的动画效果

（6）显示除"星光"外的所有图层，将时间指示器移至0:00:01:14处，同时选择"小建筑"及"波浪1"~"波浪3"图层，分别开启位置属性和不透明度属性的关键帧，再使用与步骤（3）、（4）、（5）相同的方法为所选图层中的元素制作动画。

（7）将时间指示器移至0:00:00:20处，先按【U】键显示已添加关键帧的属性，然后按3次【Shift+↓】组合键将所选图层中的元素统一向下移动，再将图层的不透明度设置为"0%"。

（8）为了营造出时间差效果，需要调整关键帧位置。分别使用选取工具▶框选3个波浪对应图层中的关键帧，然后向右拖曳一定的距离，拖曳后的效果如图3-25所示。

图3-25 调整关键帧的位置

（9）显示"星光"图层，按【T】键显示不透明度，然后分别在0:00:02:04和0:00:02:23处添加值为"0%"和"100%"的关键帧。背景中建筑图形的动画效果如图3-26所示。

图3-26 建筑图形的动画效果

2. 为文本添加关键帧

米拉为背景中的元素制作好动画之后，开始为晚会主题文本添加动画效果。为了让其产生突出的视觉效果，米拉准备在背景动画展示结束后，利用缩放和不透明度属性，让"欢度国庆"主题文本从画面中间逐渐放大显示，然后再为该文本的投影制作逐渐显示的效果，具体操作如下。

（1）将时间指示器移至0:00:04:00处，导入"欢度国庆.png"素材并将其拖曳至

微课视频
为文本添加关键帧

"时间轴"面板顶层，按【S】键显示缩放属性，开启关键帧并设置缩放为"60.0,60.0%"，使其与画面大小契合，再同时开启不透明度属性的关键帧。

（2）将时间指示器移至0:00:03:00处，按【U】键显示已添加关键帧的属性，设置缩放和不透明度分别为"20.0,20.0%""0%"，如图3-27所示。

图3-27　添加缩放和不透明度属性关键帧

（3）选择"欢度国庆"图层，选择【图层】/【图层样式】/【投影】命令，然后在"时间轴"面板中设置颜色为"#841616"，其他参数如图3-28所示，效果如图3-29所示。

图3-28　设置投影参数

图3-29　投影效果

（4）将时间指示器移至0:00:04:14处，在"时间轴"面板中，单击距离属性左侧的"时间变化秒表"按钮开启关键帧，然后将时间指示器移至0:00:04:00处，再设置距离为"0"，使得投影可以逐渐显示。文本的动画效果如图3-30所示。

图3-30　文本的动画效果

3. 调整鸽子的运动路径

米拉制作好晚会主题文本的动画效果后，觉得视频画面还有些单调，于是从素材中挑选出两张鸽子的图像，准备制作鸽子从画面外飞进画面内的动画，并将鸽子的落点设置在主题文本周围，起到装饰效果，具体操作如下。

> 微课视频
>
> 调整鸽子的
> 运动路径

（1）将时间指示器移至0:00:04:00处，导入"鸽子1.png"素材并将其拖曳至"时间轴"面板顶层，先设置缩放为"40.0,40.0%"，再开启位置属性的关键帧，然后在"合成"面板中将鸽子移至画面外的右下角。将时间指示器移至0:00:05:00处，将鸽子移至"欢"字的左下角，如图3-31所示。

（2）选择钢笔工具，在运动路径中按住鼠标左键不放并拖曳鼠标，以添加关键帧，如图3-32所示。

图3-31 调整鸽子位置

图3-32 添加关键帧

（3）使用与步骤（2）相同的方法在运动路径中添加多个关键帧，并使用选取工具▶拖曳方框两侧的控制柄调整曲线的样式，效果如图3-33所示，同时"时间轴"面板中关键帧的显示如图3-34所示。

图3-33 添加多个关键帧并调整曲线的样式

图3-34 关键帧的显示

（4）预览效果可发现鸽子的飞行速度过快，因此需要扩展关键帧。将时间指示器移至0:00:06:12处，单击位置属性以选择所有位置关键帧，然后将鼠标指针移至最右侧的位置关键帧上方，按住【Alt】键，再按住鼠标左键并向右拖曳鼠标至时间指示器周围，此时再按住【Shift】键使其吸附到时间指示器所在位置，然后再释放鼠标左键，如图3-35所示。

图3-35 扩展关键帧

（5）导入"鸽子2.png"素材并将其拖曳至"时间轴"面板顶层，设置缩放为"50.0,50.0%"，显示位置属性。

（6）将时间指示器移至0:00:04:00处，先选择"鸽子1.png"图层中位置属性的所有关键帧，按【Ctrl+C】组合键复制，再选择"鸽子2.png"图层，按【Ctrl+V】组合键粘贴，如图3-36所示。

（7）使用选取工具▶在"合成"面板中调整"鸽子2.png"图层的运动路径，使其由画面外的左下角飞行至"庆"字的右上角，如图3-37所示。

图3-36 复制与粘贴关键帧

图3-37 调整运动路径

（8）将"鸽子2.png"图层移至"欢度国庆"图层下方，预览鸽子飞行的动画效果，如图3-38所示。

图3-38　鸽子飞行的动画效果

4. 调整关键帧的变化速度

预览动画效果后，米拉觉得动画效果稍显生硬，于是老洪建议她使用关键帧属性和图表编辑器调整关键帧的变化速度，使动画效果更加自然，具体操作如下。

微课视频

调整关键帧的
变化速度

（1）选择"建筑"图层，显示位置属性并选择所有关键帧，然后在任意关键帧上方单击鼠标右键，在弹出的快捷菜单中选择【关键帧辅助】/【缓动】命令，或按【F9】键，关键帧将变为 █ 形状。

（2）使用与步骤（1）相同的方法为"小建筑"及3个"波浪"图层中位置属性的关键帧都设置缓动，如图3-39所示。

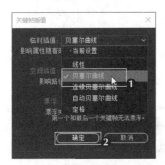

图3-39　为关键帧设置缓动

（3）在"时间轴"面板中单击"图表编辑器"按钮 █，或按【Shift+F3】组合键，将时间线控制区由图层模式切换为图表编辑器模式，选择"鸽子1.png"图层的位置属性，单击"单独尺寸"按钮 █，将位置属性分为"X位置"和"Y位置"两个属性。

（4）全选"X位置"和"Y位置"属性的所有关键帧，在任意关键帧上方单击鼠标右键，在弹出的快捷菜单中选择"关键帧插值"命令，或按【Ctrl+Alt+K】组合键，打开"关键帧插值"对话框，设置临时插值为"贝塞尔曲线"，然后单击 █确定█ 按钮，如图3-40所示。

（5）使用选取工具 █ 拖曳关键帧两侧的控制柄，调整曲线的形状，同时观察"合成"面板中运动路径上圆点的密度，让鸽子的飞行速度在上移时变慢、下移时变快，调整后的运动路径如图3-41所示。

（6）使用与步骤（3）~（5）相同的方法调整"鸽子2"图层位置属性的关键帧变化速度，调整后的运动路径如图3-42所示。

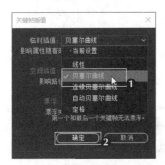
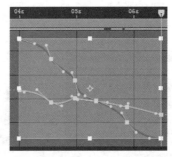
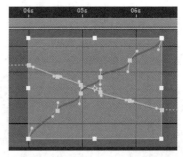

图3-40　设置临时插值　　　图3-41　调整鸽子1的关键帧变化速度　　　图3-42　调整鸽子2的关键帧变化速度

（7）查看最终效果，如图3-43所示，然后按【Ctrl+S】组合键保存文件，并将文件命名为"《欢度国庆》晚会舞台背景动画"，最后输出AVI格式的视频。

图3-43　最终效果

课堂练习

制作卡通风格舞台背景动画

导入提供的素材，构思画面中元素的动画效果，然后使用不同属性的关键帧为不同的元素制作动画，并适当调整运动路径及关键帧的变化速度，最后将其制作成卡通风格的舞台背景动画。本练习的参考效果如图3-44所示。

效果预览

图3-44　参考效果

素材位置： 素材\项目3\卡通风格舞台背景.psd
效果位置： 效果\项目3\卡通风格舞台背景动画.aep、卡通风格舞台背景动画.avi

任务3.2　制作节目倒计时视频

顺利完成上一个任务后，米拉便开始研究节目倒计时视频的任务资料。由于米拉没有接触过这类视频，老洪让她先在网络上查看类似的视频，挖掘其特点，分析需要在其中添加哪些文本，以及制作什么样的动画效果，以便后续制作时能够更加得心应手。

 任务描述

任务背景	节目的开头通常会植入赞助商的广告，以增加商家或产品的知名度，提高人气。某节目即将开播，为了在正式播出之前介绍节目的冠名商和赞助商，并营造一定的仪式感，需要制作一个倒计时视频

续表

任务目标	① 制作尺寸为1920像素×1080像素、时长为8秒的节目倒计时视频
	② 视频开头需要展示节目冠名商及赞助商的名称，然后再显示节目播出倒计时动画
	③ 根据文本的内容和位置调整文本样式，并分别设计与制作不同的动画效果，使整体的视觉效果流畅、自然
知识要点	横排文字工具、"字符"面板、"段落"面板、文本的动画属性、文本动画预设、源文本动画、关键帧的基础操作

本任务的参考效果如图3-45所示。

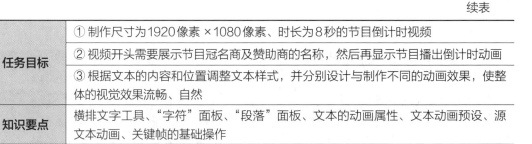

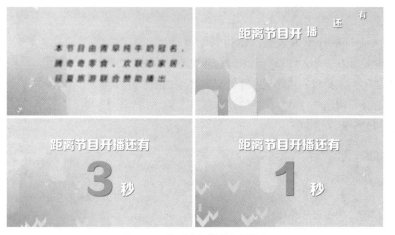

图3-45　节目倒计时特效参考效果

素材位置： 素材\项目3\节目倒计时背景.mp4、节目倒计时音频.mp3
效果位置： 效果\项目3\节目倒计时视频.aep、节目倒计时视频.avi

 知识准备

在正式制作之前，米拉准备先熟悉AE中有关文本的相关操作，以及制作文本动画的相关知识，以便后续能够为不同作用的文本添加合适的动画效果。

1. 文字工具组

文本在视频中能够起到辅助说明的作用，在有效传递信息的同时，还能增强视频的吸引力。要想在视频画面中输入文本，可根据需要使用横排文字工具▼（文本横向排列）或竖排文字工具▼（文本竖向排列）。文本又分为点文本和段落文本，其对应的输入方法也有所不同，下面以横排文字工具▼为例介绍文本输入方法。

- **输入点文本：** 选择横排文字工具▼，在"合成"面板中的任意位置单击定位插入点，然后输入点文本，如图3-46所示。输入完成后，按【Ctrl+Enter】组合键，或直接单击"时间轴"面板中的空白区域，或选择选取工具▼都可结束文本输入状态。输入点文本时，每行文本的长度会增加，但不会自动换行，需要手动按【Enter】键换行。

- **输入段落文本：** 选择横排文字工具▼，在"合成"面板中按住鼠标左键不放并拖曳鼠标绘制一个文本框，然后在文本框中输入段落文本，当一行排满后文本会自动跳转到下一行，如

图3-47所示。若要调整文本框的大小，可将鼠标指针移至周围的8个控制点上方，当鼠标指针变为双向箭头后，按住鼠标左键不放并拖曳鼠标即可。文本输入完成后，使用与输入点文本相同的方法可结束文本输入状态。

图3-46　输入点文本

图3-47　输入段落文本

2. "字符"面板与"段落"面板

要想调整文字格式，可以在"字符"面板和"段落"面板中设置相关参数。选择文本所在的图层可选中该图层中的所有文本，也可双击文本所在的图层后再选择所需文本进行操作。

（1）"字符"面板

选择【窗口】/【字符】命令，或按【Ctrl+6】组合键，打开图3-48所示的"字符"面板，在其中可设置文本的基本属性。

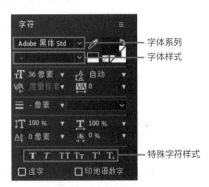

图3-48　"字符"面板

- **字体系列：**用于设置文本的字体。
- **字体样式：**用于设置文本的字体样式，如常规、斜体、粗体和细体等。
- **"吸管"按钮**：单击该按钮后，可在画面中的任意位置单击进行颜色取样。

收藏字体

知识补充

当计算机中安装的字体系列较多时，单击字体系列右侧的下拉按钮，在打开的下拉列表中单击字体名称左侧的☆图标可将该字体收藏。收藏字体后单击该下拉列表上方的"显示收藏夹"按钮☆，在收藏夹中可找到收藏的字体，以减少找寻字体的时间。

- **按钮：**单击对应的黑色或白色色块，可快速设置填充颜色或描边颜色为黑色或白色。
- **填充颜色（左上方色块）：**用于设置文本的填充颜色，单击相应色块可以打开"文本颜色"对话框，在其中可设置文本的填充颜色。
- **描边颜色（右下方色块）：**用于设置文本的描边颜色，设置方法与填充颜色相同。
- **"交换填充和描边"按钮**：单击该按钮后，可快速交换填充颜色与描边颜色的设置。
- **"没有填充/描边颜色"按钮**：单击该按钮后，可取消填充颜色或描边颜色的设置。
- **字体大小**：用于设置文本字体的大小。
- **行距**：用于设置文本的行间距，设置的数值越大，行间距越大；数值越小，行间距越小。

当选择"自动"选项时将自动调整行间距。

- **字偶间距** ：用于选择以度量标准字偶间距或视觉字偶间距的方式来微调文本的间距。使用文字工具在两个字符之间单击插入定位点后可进行设置，默认情况下使用度量标准字偶间距。
- **字符间距**：用于设置所选字符的间距。
- **描边宽度**：用于设置文本字体的描边大小，在右侧的下拉列表中可控制描边的位置。
- **垂直缩放**：用于设置文本的垂直缩放比例。
- **水平缩放**：用于设置文本的水平缩放比例。
- **基线偏移**：用于设置文本的基线偏移量，输入正数值字符将往上移，输入负数值将往下移。
- **比例间距**：用百分比的方式设置字间距。
- **特殊字体样式**：用于设置文本的特殊字体样式，从左到右依次为仿粗体、仿斜体、全部大写字母、小型大写字母、上标、下标，单击相应按钮即可应用。其中"小型大写字母"样式不会更改最初以大写形式输入的字母。
- **"连字"复选框**：若所选文本的字体具有连字属性，单击选中该复选框，可使文本的字体连字显示。
- **"印地语数字"复选框**：单击选中该复选框，可使用印地语数字。

为什么输入直排文本时数字会颠倒？

在直排文本中，数字、英文等字符将默认旋转90度，若要使其以横排的样式显示，在选择字符后单击"字符"面板右上角的按钮，在弹出的下拉菜单中选择"直排内横排"命令即可。

疑难解析

（2）"段落"面板

选择【窗口】/【段落】命令，或按【Ctrl+7】组合键，打开图3-49所示的"段落"面板，在其中可设置段落的对齐方式和缩进等参数。

- **对齐方式**：用于设置文本的对齐方式。从左到右依次为左对齐文本、居中对齐文本、右对齐文本、最后一行左对齐、最后一行居中对齐、最后一行右对齐、两端对齐（选中直排文本时，"段落"面板中的对齐方式从左到右依次为顶对齐文本、居中对齐文本、底对齐文本、最后一行顶对齐、最后一行居中对齐、最后一行底对齐、两端对齐）。

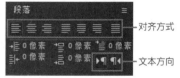

图3-49 "段落"面板

- **缩进左边距**：用于设置横排文本的左缩进值、直排文本的顶端缩进值。
- **段前添加空格**：用于设置当前段与上一段文本之间的距离。
- **首行缩进**：用于设置段落首行缩进值。
- **缩进右边距**：用于设置横排文本的右缩进值、直排文本的底端缩进值。
- **段后添加空格**：用于设置当前段与下一段文本之间的距离。
- **文本方向**：单击按钮时，输入的文本位于光标左侧；单击按钮时，输入的文本位于光标右侧。

3. 文本的动画属性

除了可以利用图层的基本属性为文本制作动画外，还可以使用文本的动画属性设置动画，具体操作方法为：展开文本图层，单击右侧的"动画"按钮 ，弹出图3-50所示的下拉列表，然后在其中选择相应的命令。

- **启用逐字3D化：** 用于为文本逐字开启三维图层模式，启用后二维文本图层将会转换为三维图层。
- **锚点、位置、缩放、倾斜、旋转、不透明度：** 用于制作文本的中心点变换、位移、缩放、倾斜、旋转和不透明度动画，与图层属性参数相同。
- **全部变换属性：** 用于同时为文本添加锚点、位置、缩放、倾斜、旋转、不透明度6种变换属性的动画。
- **填充颜色：** 用于设置文本的填充颜色，在其子菜单中可以设置填充颜色的RGB、色相、饱和度、亮度、不透明度等。图3-51所示为文本的颜色变化效果。

图3-50　文本的动画属性

图3-51　文本的颜色变化效果

- **描边颜色：** 用于设置文本的描边颜色，在其子菜单中可设置描边颜色的RGB、色相、饱和度、亮度、不透明度等。
- **描边宽度：** 用于设置文本的描边粗细。
- **字符间距：** 用于设置字符之间的距离。
- **行锚点：** 用于设置文本的对齐方式。
- **行距：** 用于设置段落文本中每行文本的距离。
- **字符位移：** 用于按照统一的字符编码标准，对文本进行位移。
- **字符值：** 用于按照统一的字符编码标准，统一替换设置的字符值所代表的字符。
- **模糊：** 用于对文本添加模糊效果。图3-52所示为文本由模糊变清晰的动画效果。

图3-52　文本由模糊变清晰的动画效果

4. 文本动画预设

　　若想制作出更加复杂的文本动画，可以直接应用AE中预设的文本动画。具体操作方法为：选择【窗口】/【效果和预设】命令，或按【Ctrl+5】组合键打开"效果和预设"面板，在其中依次展开"★动画预设""Text"文件夹，其中包含了17个类别的文本动画（见图3-53），从上至下分别为三维文本、动画（入）、动画（出）、模糊、曲线和旋转、表达式、填充和描边、图形化、灯光和光学、机械化、混合、多行、有机的、路径、旋转、大小和跟踪。

应用文本动画预设的方法为：展开任意一个动画效果文件夹，选择文本图层后双击某个文本动画预设，或直接将文本动画预设拖曳至文本图层上，文本图层将自动以当前时间指示器位置为起始点创建关键帧，并生成相应的动画。

图3-53 文本动画预设

5. 源文本动画

源文本动画是指在同一个文本图层中改变文本内容的动画，常用于制作打字效果、倒计时效果、逐帧文本动画、定格文本动画等。具体操作方法为：在"合成"面板中输入文本内容后，在"时间轴"面板中展开该文本所在图层的"文本"栏，单击源文本属性左侧的"时间变化秒表"按钮 ⏱ 添加关键帧，然后将时间指示器移动到一定位置后直接修改文本内容。此时将自动添加相应的关键帧，当视频播放到该帧时，文本内容将直接发生变化，从而形成动画效果，如图3-54所示。

（a）源文本动画制作

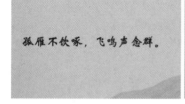

（b）第1秒的画面效果　　　　　（c）第2秒的画面效果　　　　　（d）第3秒的画面效果

图3-54 源文本动画

🔧 任务实施

1. 输入文本并调整其入点和出点

米拉准备先导入背景素材，然后根据构思好的内容在画面中分别输入文本信息，接着调整文本图层的入点和出点，具体操作如下。

微课视频

输入文本并调整其入点和出点

（1）新建名称为"节目倒计时视频"、尺寸为"1920像素×1080像素"、持续时间为"0:00:08:00"的合成，导入"节目倒计时背景.mp4"素材，并将其拖曳到"时间轴"面板中，按【Ctrl+Alt+F】组合键使其适应合成的大小，然后将视频素材的持续时间调整为"0:00:08:00"，使其与合成一致。

（2）选择横排文字工具 🅣，在"合成"面板中按住鼠标左键不放并拖曳鼠标，绘制图3-55所示的文本框，然后在文本框中输入节目的冠名商及赞助商的信息，如图3-56所示，再按【Ctrl+Enter】组合键完成输入。

（3）隐藏文本图层，然后使用横排文字工具 🅣 在画面中间单击定位插入点，然后输入"距离节目开播还有"文本，按【Ctrl+Enter】组合键完成输入。接着在文本下方输入"3""秒"文本，如图3-57所示。

（4）显示所有图层，根据画面的变化分别调整4个文本图层的入点和出点，如图3-58所示。

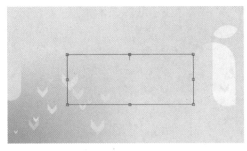

图3-55 绘制文本框

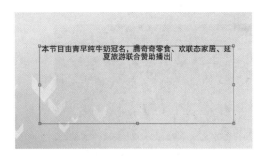

图3-56 输入段落文本

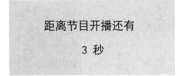

图3-57 输入点文本

图3-58 调整出点和入点

2. 调整文本样式

输入完相关文本后，米拉准备结合"字符"面板和"段落"面板调整文本的样式，如字体、字体大小、字符间距、行距、字体颜色、对齐方式等，让画面更加美观，具体操作如下。

（1）将时间指示器移至起始处，选择段落文本，按【Ctrl+6】组合键打开"字符"面板，设置字体为"方正兰亭准黑简体"，字体大小为"80像素"，行距为"140像素"，字符间距为"40"，单击"仿斜体"按钮 **T** ，如图3-59所示。

（2）按【Ctrl+7】组合键打开"段落"面板，单击"左对齐文本"按钮 **▤** ，然后适当调整文本在画面中的位置，效果如图3-60所示。

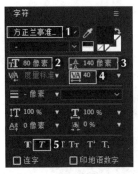

图3-59 调整文本样式

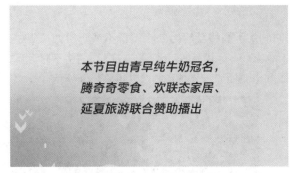

图3-60 调整文本位置

（3）将时间指示器移至0:00:04:00处，选择"距离节目开播还有"文本，在"字符"面板中设置字体为"方正正大黑简体"，字体大小为"130像素"，文本颜色为"#FFFFFF"。

（4）将时间指示器移至0:00:06:00处，选择"3"文本，设置字体为"方正正大黑简体"，字体大小为"400像素"，然后单击填充颜色色块，打开"文本颜色"对话框，设置颜色为"#D68CFB"，然后单击 确定 按钮，如图3-61所示。

（5）将"秒"文本设置为"方正正大黑简体"字体，再修改字体大小和填充颜色分别为"150像素"和"#FFFFFF"，然后适当调整文本的位置。统一为点文本应用投影图层样式，保持默认设置，效果如图3-62所示。

图3-61　设置文本颜色

图3-62　文本效果

3．应用文本动画属性

微课视频

应用文本动画属性

为了使视频开头的段落文字更加生动，米拉开始着手为该文本制作动画效果，经过思考，她决定使用文本的动画属性来完成，具体操作如下。

（1）将时间指示器移至0:00:01:00处，展开段落文本所在图层，单击右侧的"动画"按钮▶，在弹出的下拉列表中选择"字符间距"命令，图层下方出现"动画制作工具 1"选项，如图3-63所示。然后为"字符间距大小"属性开启并添加关键帧。

（2）单击"动画制作工具 1"右侧的"添加"按钮▶，在弹出的下拉列表中选择【属性】/【行距】命令，为该属性开启并添加关键帧。接着添加"模糊""不透明度"属性并为其开启和添加关键帧，如图3-64所示。

图3-63　添加动画属性

图3-64　为动画属性开启并添加关键帧

（3）将时间指示器移至起始处，设置不透明度为"0%"，字符间距大小为"150"，行距为"0.0,40.0"，模糊为"60.0,60.0"，再将不透明度属性的第二个关键帧移至0:00:00:08处，如图3-65所示，文本的动画效果如图3-66所示。

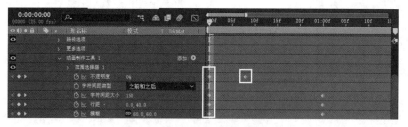

图3-65　添加关键帧并调整关键帧位置

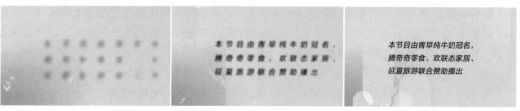

图3-66　段落文本的动画效果

（4）为了显示后面的倒计时内容，段落文本需要逐渐消失，因此需要分别在段落文本所在图层的
0:00:03:05和0:00:04:00处添加不透明度为"100%"和"0%"的关键帧。

4. 应用文本动画预设

微课视频

应用文本动画预设

对于视频中的其他文本，米拉一直没有想到较好的创意，于是她准备从AE提
供的动画预设中找寻合适的动画效果加以应用，具体操作如下。

（1）将时间指示器移至0:00:04:00处，选择"距离节目开播还有"文本，
按【Ctrl+5】组合键打开"效果和预设"面板，依次展开"＊动画预
设""Text""Curves and Spins"文件夹，双击其中的"回旋入"选项，如图3-67所示。

（2）此时按【U】键显示文本图层的关键帧，可发现已自动为相关的属性添加了关键帧，如图3-68
所示。

图3-67　选择并应用动画预设　　　　　　　　　　　图3-68　动画预设的关键帧

（3）默认生成的动画时长较短，因此需要进行调整。选择所有关键帧，将鼠标指针移至位于任意属性
的最后关键帧上方，按住鼠标左键不放并向右拖曳至0:00:06:00处，以扩展关键帧。最后预览文
本的动画效果，如图3-69所示。

图3-69　文本的动画效果

设计素养

在AE中，若是对应用的动画预设效果不满意，可以按【Ctrl+Z】组合键撤回操
作，然后再应用其他动画预设。设计师在实际工作中面对不满意的设计效果时，应该
反复思考与琢磨，不能敷衍了事，要在实践中不断提升自我，拓展知识的广度和深度，
培养良好的工作习惯，同时树立稳定、积极、不断进取的工作态度。

5. 制作源文本动画

微课视频

制作源文本动画

米拉开始制作倒计时动画效果，她准备使用源文本动画来制作，以提高制作效
率，具体操作如下。

（1）将时间指示器移至0:00:06:00处，展开"3"图层中的"文本"栏，单击源
文本属性左侧的"时间变化秒表"按钮开启关键帧。将时间指示器移至
0:00:07:00处，在"合成"面板中双击"3"文本，修改文本为"2"，然后
按【Ctrl+Enter】组合键。

（2）将时间指示器移至结尾处，双击"2"文本并将其修改为"1"，此时"时间轴"面板中源文本属性对应的3个关键帧形状为█，如图3-70所示，文本效果如图3-71所示。

图3-70 源文本属性的关键帧

图3-71 倒计时文本的动画效果

（3）导入并拖曳"节目倒计时音频.mp3"素材至"时间轴"面板，查看最终效果，按【Ctrl+S】组合键保存文件，并将文件命名为"节目倒计时视频"，最后输出AVI格式的视频。

课堂练习

制作发布会倒计时视频

效果预览

利用提供的背景素材制作一个发布会倒计时视频，先在画面中输入发布会的名称、主题及倒计时相关的文本，根据视频播放顺序分别调整出点和入点，再利用图层属性、文本的动画属性及动画预设为文本添加动画效果。本练习的参考效果如图3-72所示。

图3-72 参考效果

素材位置： 素材\项目3\发布会倒计时背景.mp4、发布会倒计时音频.mp3
效果位置： 效果\项目3\发布会倒计时视频.aep、发布会倒计时视频.avi

任务3.3 制作《欢乐挑战》综艺节目片头

经过近几次任务的锻炼，老洪发现米拉在动画效果的设计与制作方面有了较大的提升，因此放心地将《欢乐挑战》综艺节目片头的制作任务交给了她。米拉接收到节目组的相关资料后，参考了同类型节目的片头设计，打算制作色彩鲜艳的形状动画效果，以体现《欢乐挑战》节目的趣味性。

任务描述

任务背景	节目片头是节目包装中较为重要的一环，一个风格独特、富有个性化的节目片头能够吸引观众的注意，从而提高节目的热度。《欢乐挑战》是一档结合趣味和竞技、宣扬勇毅前行精神的户外闯关综艺节目，该节目拟定于国庆后上线各大视频平台，因此需要制作一款节目片头
任务目标	① 制作尺寸为1920像素×1080像素、时长为6秒的节目片头
	② 绘制多个色彩丰富且鲜艳的形状，分别用作背景和装饰元素
	③ 利用形状的动画属性为各个形状制作不同的动画效果，营造一种轻松、有趣的氛围，最后再展示节目名称
知识要点	矩形工具、椭圆工具、多边形工具、形状的效果属性、形状的填充、"字符"面板、关键帧的基本操作

本任务的参考效果如图3-73所示。

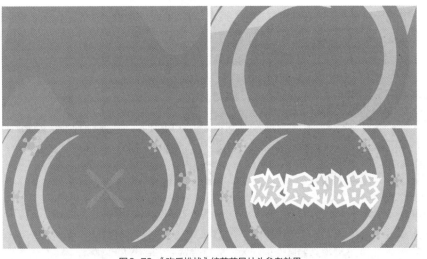

效果预览

图3-73 《欢乐挑战》综艺节目片头参考效果

素材位置： 素材\项目3\综艺节目音频.mp3

效果位置： 效果\项目3\《欢乐挑战》综艺节目片头.aep、《欢乐挑战》综艺节目片头.avi

知识准备

米拉查看了网络上的各类形状动画，但仍不清楚可以通过AE中的哪些属性来制作。因此，老洪让米拉先熟悉形状工具组和钢笔工具组的相关知识，以及创建形状的一些技巧，然后再从形状的动画属性中获取制作灵感。

1. 形状工具组

若是需要创建规则的形状，可利用形状工具组中的5个工具，包括矩形工具■、圆角矩形工具▣、椭圆工具、多边形工具和星形工具。这些工具的使用方法相似，选择其中一个工具后，在"合成"面板中按住鼠标左键不放并拖曳鼠标可绘制相应的形状。

调整形状图层的锚点

知识补充 创建好形状后，其锚点将自动位于"合成"面板的中心，此时可以使用向后平移（锚点）工具拖曳锚点，也可按【Ctrl+Alt+Home】组合键快速将锚点定位到形状的中心处。

- **矩形工具：** 用于绘制矩形，按住【Shift】键的同时拖曳鼠标可绘制正方形。
- **圆角矩形工具：** 用于绘制圆角矩形，按住【Shift】键的同时拖曳鼠标可绘制圆角正方形。在拖曳鼠标时，按【↑】键和【↓】键，或滑动鼠标滚轮可调整圆角的弧度大小；按【←】键可设置圆角的弧度为最小值（即矩形），按【→】键可设置圆角的弧度为最大值，如图3-74所示。
- **椭圆工具：** 用于绘制椭圆，按住【Shift】键的同时拖曳鼠标可绘制圆形。
- **多边形工具：** 用于绘制正多边形。在拖曳鼠标时，按【↑】键和【↓】键，或滑动鼠标滚轮可调整多边形的边数；按【←】键和【→】键可调整外圆度的大小。
- **星形工具：** 用于绘制星形。在拖曳鼠标时，按【↑】键和【↓】键，或滑动鼠标滚轮可调整星形的顶点数；按【←】键和【→】键可调整外圆度的大小，图3-75所示为提高五角星外圆度的前后效果；按【Page Up】键和【Page Down】键可调整内圆度的大小。

图3-74 设置圆角的弧度为最大值的效果

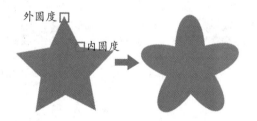

图3-75 提高五角星外圆度的前后效果

连续绘制的多个形状为什么都在同一个形状图层中？

疑难解析 在选中某个形状图层的情况下（形状绘制结束后将默认选中对应的形状图层），新绘制的形状将自动添加到所选的形状图层中，展开该图层的"内容"栏可查看其中的所有形状。若需要创建新的形状图层，可按【F2】键取消选择当前图层后再进行绘制。

2. 钢笔工具组

如果需要创建不规则的形状，可使用钢笔工具，具体操作方法为：在"合成"面板中单击创建锚点，在创建第3个锚点时，将自动形成一个形状，如图3-76所示；继续在"合成"面板中创建锚点，将鼠标指针移至首个锚点处时，鼠标指针将变为形状，如图3-77所示，此时单击可封闭该形状并结束绘制。若要使用钢笔工具创建有曲线轮廓的形状，可在创建锚点时拖曳鼠标，将自动出现控制柄以调整曲线的弧度，如图3-78所示。

图3-76　创建第3个锚点

图3-77　封闭形状

图3-78　创建有曲线轮廓的形状

要想细致地调整形状的细节部分，可使用钢笔工具组中的其他工具进行操作。

- **添加"顶点"工具** ：选择该工具，在形状边缘的线段上单击可添加锚点。
- **删除"顶点"工具** ：选择该工具，在形状边缘的锚点上单击可删除该锚点。
- **转换"顶点"工具** ：选择该工具，在形状边缘的锚点上单击，可使该点周围的线段在直线和曲线之间进行转换。

3. 形状的填充与描边

当需要设置或修改形状的填充与描边样式时，选择绘制工具或需要修改的形状图层，工具箱右侧将显示填充与描边的相关设置。

- **填充：**单击"填充"按钮 填充 ，打开"填充选项"对话框，如图3-79所示，可设置填充为"无" 、"纯色" 、"线性渐变" （见图3-80）或"径向渐变" （见图3-81），其中两种渐变可通过拖曳"合成"面板中的 图标调整渐变区域，还可设置填充的混合模式及不透明度。选择好填充类型后，可单击"填充"按钮 填充 右侧的色块，可在打开的对话框中设置具体颜色。

图3-79　"填充选项"对话框

图3-80　线性渐变效果

图3-81　径向渐变效果

- **描边：**单击"描边"按钮 描边 ，将打开"描边选项"对话框，其中的参数和设置方法与填充类似。该按钮右侧的数值框用于设置描边宽度。

此外，若想快速切换填充或描边的类型，可在按住【Alt】键的同时单击"填充"按钮 填充 或"描边"按钮 描边 右侧的色块。

4. 形状的效果属性

与文本的动画属性类似，形状图层也具有用于制作动画的效果属性。具体操作方法为：展开形状图层，单击右侧的"添加"按钮 ，弹出图3-82所示的下拉列表，可选择相应的命令为该形状图层制作动画。

- **组（空）：**用于创建一个空组，然后将需要的属性拖入该组内。
- **矩形、椭圆、多边星形：**用于添加相应形状的路径。
- **路径：**用于添加使用钢笔工具 绘制的路径（选择该选项后将自动选择钢笔工具 ）。
- **填充、描边：**用于添加填充、描边颜色。

图3-82　形状的效果属性

- **渐变填充、渐变描边：**用于添加渐变填充、渐变描边颜色。
- **合并路径：**用于设置与添加路径的运算方式，包括合并、相加、相减、相交、排除交集5种。
- **位移路径：**用于使路径偏移原始路径来扩展或收缩形状。
- **收缩和膨胀：**用于制作类似挤压拉伸的变形效果。
- **中继器：**用于复制形状，并将指定的变换应用于每个副本。
- **圆角：**用于设置路径的圆角大小。
- **修剪路径：**用于修剪路径的长度，常用于实现描边的生长动画效果。
- **扭转：**用于将路径扭曲成漩涡状。
- **摆动路径：**用于将路径转换为一系列大小不等的锯齿状尖峰和凹谷，随机摆动路径。
- **摆动变换：**用于随机摆动路径的位置、锚点、缩放和旋转变换的任意组合。
- **Z字形：**用于将路径转换为一系列统一大小的锯齿状尖峰和凹谷。

任务实施

1. 创建并编辑形状

微课视频

创建并编辑形状

米拉对形状动画的效果已经有了初步的设计，准备先绘制动画背景及装饰形状，具体操作如下。

（1）新建名称为"《欢乐挑战》综艺节目片头"、尺寸为"1920像素×1080像素"、持续时间为"0:00:06:00"的合成。

（2）选择矩形工具，单击"填充"按钮 填充 右侧的色块，打开"形状填充颜色"对话框，设置颜色为"#73DBFF"，然后单击 确定 按钮，如图3-83所示。单击"描边"按钮 描边 ，打开"描边选项"对话框，单击"无"按钮 ❏ 取消描边，然后单击 确定 按钮。

（3）双击矩形工具 ❏ 创建一个与合成大小相同的矩形，如图3-84所示，"时间轴"面板中将出现"形状图层 1"图层，将其重命名为"蓝色"，然后单击"时间轴"面板的空白区域取消选择"蓝色"图层。

（4）使用与步骤（3）相同的方法再分别创建填充颜色为"#FFC873""#FF7373""#C473FF"的矩形，并分别将对应的图层重命名为"黄色""红色""紫色"。

（5）选择椭圆工具 ◯ ，设置填充颜色为"#FF7F73"，取消描边，按住【Shift】键的同时在"合成"面板中按住鼠标左键不放并拖曳鼠标，以绘制一个圆，将其移至画面中心并将图层重命名为"圆"。

图3-83　设置形状填充颜色

图3-84　创建与合成等大的矩形

（6）选择多边形工具 ◯ ，绘制形状的同时按【←】键减小外圆度，绘制出图3-85所示的形状，按【Ctrl+Alt+Home】组合键将锚点移至形状中心，便于后续以该点制作缩放动画，然后将图层重命名为"装饰"。

（7）按住【Alt】键的同时单击两次"填充"按钮填充 右侧的色块切换填充类型，再单击该色块打开"渐变编辑器"对话框，设置渐变条的两个色标为"#FFFFFF""#FFFD4C"，再单击 确定 按钮，如图3-86所示。复制5次"装饰"图层并分别调整大小和位置，效果如图3-87所示。

图3-85 绘制多边形 　　　　图3-86 设置渐变颜色 　　　　图3-87 复制"装饰"图层并调整大小

2. 为形状制作动画

形状绘制结束后，米拉就需要为其制作动画效果。为了使形状的变化效果更加丰富，她准备利用形状的效果属性来进行制作，具体操作如下。

微课视频

为形状制作动画

（1）为了便于查看动画效果，先隐藏"紫色""圆"图层和装饰元素所在的图层。展开"红色"图层，单击"内容"栏右侧的"添加"按钮 ，在弹出的快捷菜单中选择"修剪路径"命令，"内容"栏中出现"修剪路径 1"栏。展开该栏，然后为结束属性分别在0:00:00:00和0:00:01:00处添加值为"100%"和"0%"的关键帧，制作画面逐渐消失的动画。

（2）选择"修剪路径 1"栏，按【Ctrl+C】组合键复制，然后将时间指示器移至0:00:00:10处，选择"黄色"图层，按【Ctrl+V】组合键粘贴，效果如图3-88所示。

图3-88 修剪路径动画效果

（3）显示并展开"紫色"图层，单击"内容"栏右侧的"添加"按钮 ，在弹出的下拉列表中选择"扭转"命令，展开"扭转 1"栏，为角度属性分别在0:00:00:00和0:00:01:00处添加值为"0"和"1000"的关键帧，效果如图3-89所示。

图3-89 扭转动画效果

（4）显示并展开"圆"图层，单击"内容"栏右侧的"添加"按钮 ，在弹出的下拉列表中选择"收缩和膨胀"命令，然后在"收缩和膨胀 1"栏中为数量属性分别在0:00:01:10、0:00:02:00、0:00:02:13和0:00:03:00处添加值为"0""100"和"0""100"的关键帧。

（5）为"圆"图层添加缩放和不透明度效果属性，然后分别在0:00:01:10和0:00:03:11处添加缩放为"100.0,100.0%""150.0,150.0%"的关键帧，在0:00:01:10、0:00:02:00、0:00:03:00和0:00:03:11处添加不透明度为"0%""100%""100%""0%"的关键帧，如图3-90所示，效果如图3-91所示。

图3-90　添加关键帧

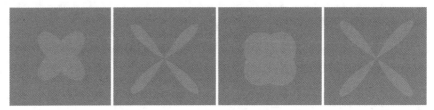

图3-91　"圆"的变形动画

（6）为装饰元素制作放大和缩小动画。显示所有图层，选择"装饰"图层，按【S】键显示缩放属性，在0:00:01:00处为其开启关键帧，并设置缩放为"0.0,0.0%"，将时间指示器移至0:00:02:00处，设置缩放为"100.0,100.0%"，然后将这两个关键帧分别复制粘贴到后面4秒处，如图3-92所示。

图3-92　复制粘贴关键帧

（7）将时间指示器移至0:00:01:00处，然后选择缩放属性的所有关键帧，将其复制粘贴到其他装饰元素所在图层中，效果如图3-93所示。

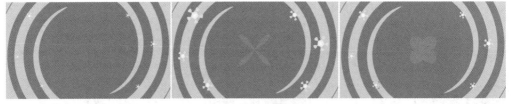

图3-93　参考效果

3. 输入文本并制作动画

米拉准备将构思好的文本内容添加在画面中，并调整文本图层的出点和入点，具体操作如下。

（1）使用横排文字工具 T 输入"欢乐挑战"文本，设置填充颜色为"#73DBFF"，其他参数如图3-94所示，再按【Ctrl+Alt+Home】组合键将锚点移至文

微课视频

输入文本并制作动画

本中心。

（2）分别在0:00:03:00和0:00:05:00处为文本图层添加缩放属性为"0.0,0.0%""100.0,100.0%"的关键帧，效果如图3-95所示。

图3-94　设置文本样式　　　　　　　　　　　　　图3-95　文本的动画效果

（3）导入并拖曳"综艺节目音频.mp3"素材至"时间轴"面板，查看最终效果，按【Ctrl+S】组合键保存文件，并将文件命名为"《欢乐挑战》综艺节目片头"。

课堂练习

制作自媒体节目片头

效果预览

利用提供的素材为"影映工作室"制作一个节目片头，先利用缩放属性为绘制的圆形制作放大动画作为引入，然后利用修剪路径、收缩和膨胀属性为线条及其他元素制作动画，最后显示自媒体的图标及介绍文本。本练习的参考效果如图3-96所示。

图3-96　自媒体节目片头参考效果

素材位置： 素材\项目3\自媒体Logo.png、自媒体节目音频.mp3
效果位置： 效果\项目3\自媒体节目片头.aep、自媒体节目片头.avi

综合实战　制作彩妆宣传短视频

米拉制作的综艺节目片头得到了客户的肯定，老洪觉得米拉对于动画效果的设计与制作已经较为熟练了，于是将制作彩妆宣传短视频的任务交给她，并告诉她客户要求为彩妆素材制作动画效果。因此，米拉准备先研究彩妆相关的短视频，然后根据素材来构思画面的布局及动画效果。

实战描述

实战背景	某彩妆品牌为宣传旗下的新品彩妆，准备在官方网站中投放一个短视频，因此需要设计师根据提供的彩妆素材制作一个彩妆宣传短视频，展示出新款的彩妆并突出活动信息
实战目标	①制作尺寸为1920像素×1080像素、时长为8秒的视频
	②绘制具有径向渐变效果的短视频背景，然后将彩妆素材作为装饰元素放置在画面周围，再将具体的活动信息文本添加在画面的主视觉位置
	③使用效果属性为背景制作渐显动画，为彩妆素材添加移动和旋转动画，让视频的变化更加灵动；为文本信息制作渐显动画，并加强活动信息文本的动画效果，以加深印象
知识要点	关键帧的基本操作、关键帧的运动路径、文字工具组、文本的动画属性、形状工具组、形状的效果属性

本实战的参考效果如图3-97所示。

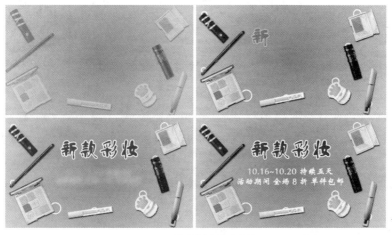

效果预览

图3-97　彩妆宣传短视频参考效果

素材位置： 素材\项目3\纹理.png、彩妆宣传音频.mp3、彩妆素材
效果位置： 效果\项目3\彩妆宣传短视频.aep、彩妆宣传短视频.avi

思路及步骤

在AE中可以利用关键帧、文本和形状的属性等功能制作多种类型的动画效果，设计师可选择与本例短视频风格较符合的类型进行制作。本例的制作思路如图3-98所示，参考步骤如下。

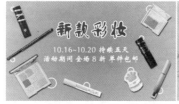

① 布局素材、文本和形状

② 为素材和形状制作动画

③ 为标题文本和活动文本制作动画

图3-98　制作彩妆宣传短视频的思路

（1）新建符合要求的合成，导入所有素材，使用矩形工具█创建一个径向渐变的矩形作为背景，添加"纹理.png"素材并调整不透明度。

（2）添加所有彩妆素材，调整大小、位置及旋转角度，使用椭圆工具◯分别在各个彩妆素材下方绘制圆形。

（3）分别利用不透明度、位置和旋转属性的关键帧，为彩妆素材制作从画面外移至画面内的移动渐显动画，以及持续旋转的动画，再通过调整关键帧的运动路径和设置缓动关键帧来优化动画的效果。

（4）使用横排文字工具T输入相关文本信息，并设置合适的格式。

（5）分别利用文本的动画属性、缩放属性及动画预设，为文本制作动画效果。最后添加背景音乐，保存与命名文件，并输出AVI格式的视频。

微课视频

制作彩妆宣传短视频

 课后练习 制作凉皮宣传短视频

效果预览

　　以宣传中华传统美食为主题的某美食频道，每期都以短视频的形式介绍一款热门美食，现提供了凉皮的图片和相关文案，需要设计师为其制作宣传短视频，尺寸要求为1920像素×1080像素。设计师需要先构思画面的整体效果，结合素材图片、形状和文本进行设计，然后利用关键帧、文本的动画属性、形状的效果属性、动画预设等，分别为画面的各个元素制作动画，最终制作出能够吸引观众，且动画效果流畅的凉皮宣传短视频，参考效果如图3-99所示。

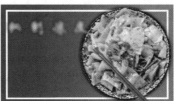

图3-99　凉皮宣传短视频参考效果

素材位置： 素材\项目3\凉皮.png、筷子.png、凉皮文案.txt

效果位置： 效果\项目3\凉皮宣传短视频.aep、凉皮宣传短视频.avi

项目4
调整视频色彩

情景描述

　　在一个多月的实习中，米拉成功完成了公司交给她的任务，也能够在工作中熟练运用AE编辑视频。

　　老洪查看了公司近期接到的任务，发现客户提供的视频素材都不太美观，于是在把一些任务交给米拉时，告诉她："在影视编辑中，美观的视频画面是很重要的基本要素，也是较容易打动人的因素之一。但拍摄设备、天气条件等各方面的因素可能会导致拍摄效果不佳，此时就需要对视频进行调色处理，校正视频画面中的色彩，增强视觉体验。"

学习目标

知识目标	● 熟悉不同调色命令的作用 ● 掌握调色的基本操作
素养目标	● 拓宽调色思路，提升对色彩的审美与分析能力 ● 增强保护动物和节能环保的意识，通过制作相关视频倡导更多人加入生态文明建设事业

任务 4.1　制作农产品推广视频

老洪决定让米拉先制作农产品推广视频，便将客户提供的农产品视频交给米拉，让她先分析视频画面存在的问题，再针对这些问题调整画面色彩。

 **任务描述**

任务背景	某县将举办秋季优质农产品推介展销会，让优质农产品能够出现在老百姓的餐桌上，同时助力乡村振兴。某农产品店铺准备推介自家的牛奶芋头，打算制作推广视频来进行宣传，让消费者能够更加直观地了解该农产品的特点
任务目标	① 视频的尺寸与时长不变，只针对视频画面进行调色，以提升画面的美观度
	② 部分视频画面较为灰暗，需要调整明暗度来增强视觉效果
	③ 部分视频画面中的色彩不太美观或不太真实，需要适当调整色彩
	④ 通过调整对比度来美化画面、突出产品
知识要点	"Lumetri颜色"效果、"色阶"效果、"色相/饱和度"效果、"亮度和对比度"效果、"阴影/高光"效果

本任务的参考效果如图4-1所示。

图4-1　农产品推广视频参考效果

 素材位置：素材\项目4\农产品.mp4

效果位置：效果\项目4\农产品推广视频.aep、农产品推广视频.avi

知识准备

米拉分析完视频中的色彩问题后，与老洪讨论了处理这些问题的思路。老洪提醒她在处理之前，可熟悉AE中较为常用的调色效果，以提高处理效率。

1. 认识效果

AE的"效果"菜单项中提供了各类效果，将其应用到图层中后可以随时修改或删除，且不会影响原画面。应用效果的方法为：选中图层后，选择"效果"菜单项中的某个效果，或者在"效果和预设"面板中直接拖曳某个效果到图层上，都将自动打开"效果控件"面板，在其中可设置效果的各类参数。

2. "Lumetri颜色"效果

"Lumetri颜色"效果集合了多种调色方法，能够满足大多数的调色需求。当选择【效果】/【颜色校正】/【Lumetri颜色】命令时（调色类命令都在选择【效果】/【颜色校正】命令后的子菜单中，后续不再赘述），"效果控件"面板中的内容如图4-2所示，包含"基本校正""创意""曲线""色轮""HSL次要""晕影"6个属性栏，分别侧重于不同的调色方面。

图4-2 "Lumetri颜色"效果

（1）基本校正

在"基本校正"栏中可使用预设的LUT（Look-up Table，颜色查找表）效果，也可以手动校正画面的明暗、曝光等，图4-3所示为"基本校正"栏中的参数。

图4-3 "基本校正"栏

- **"现用"复选框：**该复选框默认为选中状态，即应用"基本校正"栏中的所有设置。取消选中该复选框可禁用该栏中的所有设置，便于查看调整前的效果。
- **输入LUT：**可在右侧的下拉列表中选择预设的LUT效果选项。
- **白平衡选择器：**用于处理画面中的偏色问题。单击其右侧的吸管工具，在画面中的白色或中性色区域单击吸取颜色，AE将会自动调整白平衡。
- **色温：**用于调整画面中光线的冷暖程度，图4-4所示分别为原图、色温"-100.0"和色温"100.0"的效果对比。

图4-4 不同色温的效果对比

- **色调：**用于调整画面整体的色调（表现在色彩的明暗、寒暖等基调）。
- **"音调"栏：**在该栏中，曝光度用于调整画面亮度，对比度用于调整画面对比度，高光用于调整画面亮部，阴影用于调整画面暗部，白色用于调整画面中最亮的白色区域，黑色用于调整画面中最暗的黑色区域。
- **■■■重置■■■按钮：**单击该按钮，可将"音调"栏中的参数设置还原为初始状态。
- **■■■自动■■■按钮：**单击该按钮，AE将自动调整"音调"栏中的所有参数。
- **饱和度：**用于调整画面中色彩的鲜艳程度。

（2）创意

在"创意"栏中可以使用预设的滤镜效果，还可以手动调整锐化、饱和度等参数。图4-5所示为"创意"栏中的参数。

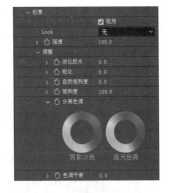

图4-5 "创意"栏

- **Look：** 类似调色滤镜，可在右侧的下拉列表中选择预设的效果选项。
- **强度：** 用于设置Look效果的应用强度。
- **淡化胶片：** 用于增加视频画面的黑色区域、减少白色区域，使视频画面变得暗淡，实现怀旧效果。
- **锐化：** 用于调整视频画面的清晰度。该值越大，视频画面细节越明显；该值越小，视频画面越模糊。
- **自然饱和度：** 用于调整视频画面的饱和度，但只对视频画面中低饱和度的色彩有影响，对高饱和度色彩的影响较小，以避免画面色彩过度饱和。
- **饱和度：** 用于调整视频画面整体的饱和度。
- **分离色调：** 用于调整阴影和高光中的色彩值。
- **色调平衡：** 用于平衡画面中多余的洋红色或绿色，以校正画面的偏色。

（3）曲线

在"曲线"栏中可调整RGB曲线、色相饱和度曲线，从而有针对性地校正指定色彩范围。

- **RGB曲线：** RGB曲线中有4条曲线，主曲线为一条白色对角线，主要用于控制视频画面的明暗度（右上角为亮部调整、左下角为暗部调整）。图4-6所示为调整RGB曲线的前后对比效果，调整后的画面亮部更亮，其他区域更暗。另外，还可通过曲线上方的按钮选择红、绿、蓝通道对应的曲线，通过调整相应的曲线来增加或减少选择通道对应的色彩范围。

① 原图

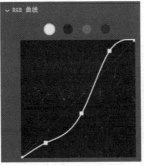
② 调整曲线

③ 调整后的效果

图4-6 调整曲线的前后对比效果

- **色相饱和度曲线：** 色相饱和度曲线中有5条曲线，并分成5个单独控制的选项，每个选项中都有吸管工具![吸管图标]，可用于吸取色彩，然后在相应的曲线上产生控制点，这些控制点用来调整该色彩。其中，"色相与饱和度"选项用于调整所选色彩的饱和度，"色相与色相"选项用于将所选色彩更改为另一色彩，"色相与亮度"选项用于调整所选色彩的亮度，"亮度与饱和度"选项用于选择亮度范围并提高或降低其饱和度，"饱和度与饱和度"选项用于选择饱和度范围并提高或降低其饱和度。

（4）色轮

在"色轮"栏中有3个色轮，分别用于调整视频画面的中间调、阴影和高光部分，上下拖曳色轮左侧的滑块可调整相应区域的明暗度，在右侧的色轮中单击可调整相应区域的色调。图4-7所示为调整色轮的前后对比效果，调整后的画面中间调和高光部分变得更亮了，阴影部分更暗了，并带有橙黄色的色调。

① 原图

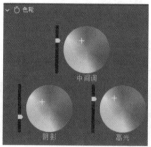
② 调整色轮

③ 调整后的效果

图4-7　调整3个色轮的前后对比效果

（5）HSL次要

在"HSL次要"栏中可精确调整视频画面中某个特定色彩。图4-8所示为"HSL次要"栏中的参数。

- **设置/添加/移除颜色：** 用于设置/添加/减去主颜色。
- **HSL滑块：** 用于设置色相（H）、饱和度（S）和亮度（L）的值。
- **"显示蒙版"复选框：** 单击选中该复选框，可查看吸取的色彩范围。
- **彩色/灰色：** 用于选择蒙版的显示类型。
- **"反转蒙版"复选框：** 单击选中该复选框，可反转蒙版区域。
- **降噪：** 用于调整被选取色彩范围中的噪点。
- **模糊：** 用于调整被选取色彩边缘的模糊程度。
- **"更正"栏：** 用于调整色轮、色温、色调、对比度、锐化和饱和度参数。

图4-8　"HSL次要"栏

（6）晕影

在"晕影"栏中可通过调整使视频画面四周变亮或变暗，从而突出画面中心。图4-9所示为"晕影"栏中的参数。

图4-9　"晕影"栏

- **数量：** 用于调整视频画面的边缘，使其变暗或变亮。该值越小，边缘越暗；该值越大，边缘越亮。
- **中点：** 用于设置视频画面的晕影范围。该值越小，范围越大；该值越大，范围越小。
- **圆度：** 用于调整视频画面4个角的圆度大小。
- **羽化：** 用于调整视频画面边缘的羽化程度。

3. "色相/饱和度"效果

"色相/饱和度"效果用于调整画面中各个通道的色相、饱和度和亮度。图4-10所示为原图调整主色相、增强主饱和度和主亮度的前后对比效果。在"效果控件"面板中，通道范围用于设置受影响通道的色彩范围，上方色带表示调节前的颜色范围，下方色带表示调节后的颜色范围；主色相用于调整通道的主要色彩；主饱和度和主亮度分别用于调整视频画面中的饱和度和亮度；单击选中"彩色化"复选框，可激活其下方的3个参数（着色色相、着色饱和度、着色亮度），为视频画面制作单色调效果。

①原图　　　　　　　　②调整参数　　　　　　　　③调整后的效果

图4-10　调整主色相、增强主饱和度和主亮度的前后对比效果

4. "色阶"效果

"色阶"效果用于调整画面中的明暗对比，以及阴影、中间调和高光的强度级别。图4-11所示为"色阶"效果对应的参数。

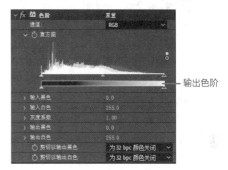

图4-11　"色阶"效果

- **通道：** 用于选择调整画面颜色的通道。
- **直方图：** 用于显示每个色阶像素密度的统计分析信息，从左至右分别代表0~255个色阶，其中0代表最暗的黑色区域，255代表最亮的白色区域，中间的数值代表灰色区域。其下方有3个色阶滑块，从左到右依次对应阴影、中间调和高光，拖曳对应滑块可以调整相应范围的明暗度。在色阶滑块下方还有一个"输出色阶"滑动条，用于设置视频画面的亮度范围，向右拖曳滑动条左侧的滑块可以使视频画面变亮，向左拖曳滑动条右侧的滑块可以使视频画面变暗。
- **输入黑色：** 用于设置黑色输入时的级别，增大该数值将使视频画面中最暗的色彩变得更暗，与直方图中阴影滑块的作用相同。
- **输入白色：** 可用于设置白色输入时的级别，减小该数值将使视频画面中最亮的色彩变得更亮，与直方图中高光滑块的作用相同。
- **灰度系数：** 用于设置中间调输入时的级别，减小该数值将使视频画面的中间调色彩变暗，增大该数值将使视频画面的中间调色彩变亮，与直方图中中间调滑块的作用相同。
- **输出黑色：** 用于设置黑色输出时的级别。
- **输出白色：** 用于设置白色输出时的级别。

5. "亮度和对比度"效果

"亮度和对比度"效果用于调整整个图层的亮度和对比度。图4-12所示为增强亮度和对比度的前后对比效果。

图4-12　增强亮度和对比度的前后对比效果

6. "阴影/高光"效果

图4-13 "阴影/高光"效果

"阴影/高光"效果用于调整画面中较暗的区域（阴影）和较亮的区域（高光）。图4-13所示为"阴影/高光"效果对应的参数。应用该效果后，将自动选中"阴影/高光"栏中的"自动数量"复选框，并自动均衡画面的明暗关系；若取消选中该复选框，可手动设置阴影数量和高光数量。若对设置的阴影和高光仍不满意，可在"更多选项"栏中进行更加精细的调整。

🔧 任务实施

1. 调整画面明暗度

微课视频

调整画面明暗度

由于视频部分画面的明暗存在问题，米拉准备先拆分视频，然后分别调整这些画面，具体操作如下。

（1）导入"农产品.mp4"素材，并直接将其拖曳至"时间轴"面板，基于该素材创建合成。

（2）为便于单独应用效果进行调色，选择视频所在图层，分别在0:00:04:09、0:00:09:02和0:00:16:03处按【Ctrl+Shift+D】组合键拆分图层，如图4-14所示。

图4-14 拆分图层

（3）选择第1段视频，将时间指示器移至0:00:01:15处，以便查看效果。选择【效果】/【颜色校正】/【Lumetri颜色】命令，打开"效果控件"面板，展开"Lumetri颜色"效果的"基本校正"栏，设置曝光度、白色、黑色分别为"1.5""50.0""10.0"，如图4-15所示。第1段视频画面调色前后对比效果如图4-16所示。

图4-15 设置"Lumetri颜色"参数

图4-16 调整第1段视频画面明暗度的前后对比效果

（4）将时间指示器移至0:00:05:26处，在"效果控件"面板中选择"Lumetri颜色"效果，按【Ctrl+C】组合键复制，然后选择第2段视频，按【Ctrl+V】组合键粘贴，然后修改曝光度、白色、黑色分别为"1.0""40.0""-20.0",前后对比效果如图4-17所示。

（5）使用与步骤（4）相同的方法复制第2段视频的"Lumetri颜色"效果，并将其粘贴到第3段视频中，前后对比效果如图4-18所示。

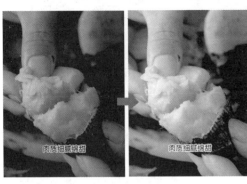

图4-17　调整第2段视频画面明暗度的前后对比效果

图4-18　调整第3段视频画面明暗度的前后对比效果

（6）选择第4段视频，将时间指示器移至0:00:13:11处，选择【效果】/【颜色校正】/【色阶】命令，在"效果控件"面板中分别设置输入黑色、输入白色和灰度系数为"59.8""206.0""1.22"，如图4-19所示，前后对比效果如图4-20所示。

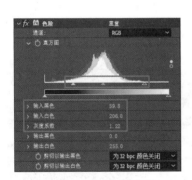

图4-19　设置"色阶"参数

图4-20　调整第4段视频画面明暗度的前后对比效果

2．调整画面色彩

米拉在浏览调整后的视频画面时，发现第1段视频画面中芋头的棕色过亮，第3段视频画面中植物的绿色较浅，两种色彩都与真实的色彩存在偏差，因此米拉准备使用"色相/饱和度"效果来调整，具体操作如下。

微课视频

调整画面色彩

（1）选择第1段视频，将时间指示器移至0:00:00:20处，选择【效果】/【颜色校正】/【色相/饱和度】命令，在"效果控件"面板中设置主饱和度为"-15"，如图4-21所示。

（2）棕色主要包含黄色和红色，因此打开"通道控制"下拉列表，选择"黄色"选项，然后设置主饱和度为"-60"；再在该下拉列表中选择"红色"选项，设置主饱和度为"-10"，适当减淡棕色，效果如图4-22所示。

（3）选择第3段视频，选择【效果】/【颜色校正】/【色相/饱和度】命令，在"效果控件"面板中设置主饱和度为"36"，然后打开"通道控制"下拉列表，选择"绿色"选项，并设置主饱和度为"13"，效果如图4-23所示。

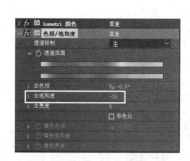

图4-21　设置"色相/饱和度"参数

图4-22　减淡棕色

图4-23　加深绿色

3.　调整画面

微课视频

调整画面

　　通过进一步的观察与分析，米拉发现部分视频画面对比度不强、色彩较为平淡，因此还需要适当进行调整，其中部分画面可以直接通过已应用的"Lumetri颜色"效果进行调整，而其他画面则可以应用其他效果，如"亮度和对比度""阴影/高光"效果，具体操作如下。

（1）选择第2段视频，展开"效果控件"面板中的"基本校正"栏，设置对比度、高光、阴影分别为"20.0""30.0""-30.0"，如图4-24所示，效果如图4-25所示。

（2）选择第4段视频，选择【效果】/【颜色校正】/【亮度和对比度】命令，在"效果控件"面板中设置亮度、对比度分别为"10.0""50.0"，画面效果如图4-26所示。

图4-24　调整对比度、阴影和高光

图4-25　加强第1段视频对比度

图4-26　加强第4段视频对比度

（3）将时间指示器移至0:00:17:20处，选择第5段视频，选择【效果】/【颜色校正】/【阴影/高光】命令，在"效果控件"面板中设置阴影数量、高光数量分别为"40""50"，如图4-27所示，调整前后的对比效果如图4-28所示。

图4-27　设置阴影数量和高光数量

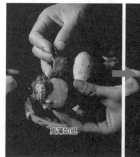

图4-28　调整第5段视频画面的前后对比效果

（4）查看最终效果，如图4-29所示，然后按【Ctrl+S】组合键保存文件，并将文件命名为"农产品推广视频"，最后输出AVI格式的视频。

图4-29 农产品推广视频最终效果

设计素养

党的二十大报告指出，要全面推进乡村振兴。在此背景下，涉农企业纷纷利用各种媒介资源开展农产品推广活动，以特色产业发展推动乡村振兴。设计师在制作相关视频时，可以挑选全面展示农产品的外观、种植环境等内容的视频素材，并对视频画面进行调色、添加字幕等操作，在保证色彩不失真的情况下，提高视频的美观度，让消费者能够更有兴趣浏览视频。

课堂练习

制作美食推广视频

先导入提供的素材，再分析视频画面存在的色彩问题，然后思考可以通过哪些效果进行调整。在制作时可先将视频拆分为多个图层，再依次使用效果进行调色处理，使画面色彩更具吸引力。本练习的参考效果如图4-30所示。

效果预览

图4-30 美食推广视频参考效果

素材位置：素材\项目4\美食视频.mp4

效果位置：效果\项目4\美食推广视频.aep、美食推广视频.avi

任务4.2　制作《保护动物》公益视频

老洪查看了米拉制作的农产品推广视频，认为她对于色彩的把控能力还不错，于是将制作《保护动物》公益视频的相关资料交给她，告诉她除了需要剪辑视频和添加字幕外，还需要使用颜色校正效果处理画面中色彩存在的问题。

 任务描述

任务背景	某公益组织为倡导更多人参与到动物保护和生态文明建设之中，提高人们动物保护的意识，准备制作一个以"保护动物"为主题的宣传视频
任务目标	① 制作尺寸为1920像素×1080像素、时长为1分钟左右的公益视频
	② 调整曝光过度或曝光不足的画面，使视频看起来更加自然
	③ 调整色彩暗淡的画面，通过调整明暗度、饱和度、对比度等进行优化
	④ 美化画面中的色彩，使视频更具吸引力
知识要点	"曝光度"效果、"曲线"效果、"更改颜色"效果、"颜色平衡"效果、"阴影/高光"效果、"更改为颜色"效果、"色相/饱和度"效果

本任务的参考效果如图4-31所示。

图4-31　《保护动物》公益视频参考效果

 素材位置：素材\项目4\《保护动物》字幕.txt、《保护动物》背景音乐.mp3、《保护动物》公益视频素材

效果位置：效果\项目4\《保护动物》公益视频.aep、《保护动物》公益视频.mp4

 知识准备

AE中的颜色校正效果的种类较多，且部分效果的功能较为类似。老洪建议米拉多尝试不同类型的效果，以掌握更多调色的方法。

1. "曝光度"效果

"曝光度"效果用于调整画面的曝光量，改善画面的明暗度。
图4-32所示为"曝光度"效果对应的参数。

- **通道：** 用于选择调整主要通道或单个通道。选择"单个通道"选项时将激活下方的"红色""绿色""蓝色"栏，便于为不同通道设置曝光效果。

图4-32 "曝光度"效果

- **曝光度：** 可模拟真实摄像机的曝光设置，用于调整光照的强度。图4-33所示为设置曝光度为"1.50"的前后对比效果。

- **偏移：** 通过对高光所做的最小更改使阴影和中间调变暗或变亮。

- **灰度系数校正：** 用于改变画面中各灰度区域的亮度。数值变大时，降低灰度像素的亮度，画面变亮；数值变小时，提高灰度像素的亮度，画面变暗。数值默认为1，相当于没有任何调整。

- **"不使用线性光转换"复选框：** 单击选中该复选框，可将"曝光度"效果应用到原始像素值。

图4-33 设置曝光度为"1.50"的前后对比效果

疑难解析

调整视频画面的明暗度时，应该调整曝光度还是亮度？

曝光度和亮度都能改变视频画面整体的明暗度，但小幅度调整曝光度不会改变视频画面的饱和度，而无论调整多少亮度都会改变视频画面的饱和度。因此，相对于调整亮度而言，调整曝光度对视频画面的饱和度的影响更小。

2. "曲线"效果

"曲线"效果用于精确调整画面中所有像素点的明暗度。图4-34所示为"曲线"效果对应的参数。

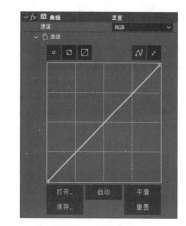

- **通道：** 在该下拉列表中可以选择不同的色彩通道。

- ▫ ▫ ▫ **按钮组：** 单击相应按钮可调整曲线的显示大小。

- **Ν 按钮：** 默认选中该按钮，此时在曲线框中拖曳控制点，可以调整画面的明暗度。

- **✎ 按钮：** 单击该按钮后，可在曲线框中绘制任意形状的曲线，从而调整画面的明暗度。

- **打开.. 按钮：** 单击该按钮，可打开"打开"对话框，在其中选择已保存的曲线文件或贴图文件。

- **自动 按钮：** 单击该按钮，AE将自动调整曲线。

- **平滑 按钮：** 单击该按钮，鼠标指针将变为类似铅笔的形状 ✎，此时可使用铅笔工具绘制平滑的曲线。

图4-34 "曲线"效果

- **保存按钮：** 单击该按钮，可将当前调整的曲线保存为曲线文件，或将使用铅笔工具绘制的曲线保存为贴图文件，便于重复使用。
- **重置按钮：** 单击该按钮，可将曲线恢复为默认状态。

3."照片滤镜"效果

"照片滤镜"效果用于为画面添加滤镜效果，使其产生某种偏色效果。图4-35所示为"照片滤镜"效果对应的参数，在"滤镜"下拉列表中可选择合适的滤镜类型，如冷色滤镜、暖色滤镜等，也可在选择"自定义"选项后，激活下方的"颜色"选项，然后单击其右侧的色块打开"颜色"对话框，自定义滤镜颜色。图4-36所示为应用"红"滤镜的前后对比效果。

图4-35　"照片滤镜"效果　　　　　　　　图4-36　应用"红"滤镜的前后对比效果

4."颜色平衡"效果

"颜色平衡"效果用于调整画面阴影、中间调和高光区域中的红色、绿色和蓝色的数量。图4-37所示为"颜色平衡"效果对应的参数，单击选中"保持发光度"复选框，可在更改颜色时，保持视频画面的平均亮度。图4-38所示为增加阴影和高光区域中绿色数量的前后对比效果。

图4-37　"颜色平衡"效果　　　　　　　图4-38　增加阴影和高光区域中绿色数量的前后对比效果

5."三色调"效果

"三色调"效果用于改变图层的颜色信息，通过将画面中的高光、阴影和中间调设置为不同的颜色，使画面变为3种颜色的效果。图4-39所示为"三色调"效果对应的参数，"与原始图像混合"栏用于设置"三色调"效果的透明度，该值越高，"三色调"效果对图层的影响越小。图4-40所示为应用"三色调"效果的前后对比效果。

图4-39　"三色调"效果　　　　　　　　图4-40　应用"三色调"效果的前后对比效果

6. "更改为颜色"效果

"更改为颜色"效果用于吸取画面中的某种颜色,将其替换为另一种颜色。图4-41所示为"更改为颜色"效果对应的参数。

- **自:** 用于设置要更改的颜色。
- **至:** 用于设置更改后的颜色。
- **更改:** 用于设置效果影响的通道。

图4-41 "更改为颜色"效果

- **更改方式:** 用于设置更改颜色的方式。若选择"设置为颜色"选项,受影响的像素直接会更改为目标颜色;若选择"变换为颜色"选项,在转变为目标颜色时,每个像素的更改量取决于其接近源颜色的程度。
- **"容差"栏:** 用于设置颜色与源颜色所容许的误差范围,可通过色相、亮度和饱和度来进行调整。
- **"柔和度"栏:** 用于调整边缘的羽化效果。该值越高,受颜色更改影响的区域和未受影响的区域之间的过渡越平滑。
- **"查看校正遮罩"复选框:** 单击选中该复选框,将显示灰度遮罩,用于指示效果影响每个像素的量,其中白色区域更改得较多,黑色区域更改得较少。

图4-42所示为将画面中的绿色更改为紫色的前后对比效果。

图4-42 将绿色更改为紫色的前后对比效果

✂ **任务实施**

1. 调整画面曝光度

微课视频

调整画面曝光度

米拉浏览视频素材时,发现部分视频画面曝光度不足、部分视频画面曝光过度,因此她准备使用"曝光度"效果来调整这些视频画面,具体操作如下。

(1)新建名称为"《保护动物》公益视频"、尺寸为"1920像素×1080像素"、持续时间为"0:01:05:00"的合成。导入所有视频素材,按猴子、花松鼠、考拉、老虎、马、天鹅、熊猫和牛的顺序,依次拖曳视频素材至"时间轴"面板中,然后关闭音频,并使"马.mp4"图层大小与合成一致。

(2)从上至下选择所有视频素材,选择【动画】/【关键帧辅助】/【序列图层】命令,打开"序列图层"对话框,在其中单击选中"重叠"复选框,设置持续时间为"0:00:00:10",过渡为"溶解前景图层",单击 确定 按钮,效果如图4-43所示。

图4-43 序列图层

（3）选择"猴子.mp4"图层，将时间指示器移至0:00:02:05处，以便查看效果。选择【效果】/【颜色校正】/【曝光度】命令，打开"效果控件"面板，在"主"栏中设置曝光度、灰度系数校正分别为"1.23""1.24"，如图4-44所示。调整"猴子"视频画面曝光度的前后对比效果如图4-45所示。

图4-44　设置"曝光度"参数

图4-45　调整"猴子"视频画面曝光度的前后对比效果

（4）将时间指示器移至0:00:11:21处，在"效果控件"面板中选择"曝光度"效果，按【Ctrl+C】组合键复制，然后选择"花松鼠.mp4"图层，按【Ctrl+V】组合键粘贴，修改曝光度、灰度系数分别为"1.68""0.91"。调整"花松鼠"视频画面曝光度的前后对比效果如图4-46所示。

图4-46　调整"花松鼠"视频画面曝光度的前后对比效果

（5）将时间指示器移至0:00:43:24处，按照与步骤（4）相同的方法复制并粘贴"曝光度"效果到"天鹅"图层中，然后修改曝光度、偏移、灰度系数校正分别为"-0.40""-0.17""1.00"。调整"天鹅"视频画面曝光度的前后对比效果如图4-47所示。

图4-47　调整"天鹅"视频画面曝光度的前后对比效果

2．调整画面明暗度

由于部分视频画面较为暗淡，因此米拉站定使用"曲线"效果调整画面中不同区域的明暗度，同时加强色彩对比，具体操作如下。

（1）选择"老虎.mp4"视频，将时间指示器移至0:00:32:16处，选择【效果】/【颜色校正】/【曲线】命令，在"效果控件"面板中的曲线右上角按住鼠标左键不放，同时向上拖曳鼠标，将自动添加控制点，如图4-48所示，以增加亮度。

微课视频

调整画面明暗度

（2）使用与步骤（1）相同的方法在曲线的左下方和中间区域分别添加控制点并适当调整位置，如图4-49所示。调整"老虎"视频画面明暗度的前后对比效果如图4-50所示。

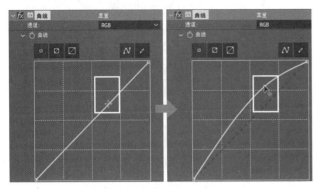

图4-48　添加控制点并向上拖曳

图4-49　添加其他控制点并调整位置

图4-50　调整"老虎"视频画面明暗度的前后对比效果

（3）将"曲线"效果复制并粘贴到"熊猫.mp4"图层中，然后在选择"熊猫.mp4"图层的状态下，单击"效果控件"面板中"曲线"效果下方的 重置 按钮重置该效果，再调整曲线，如图4-51所示。调整"熊猫"视频画面明暗度的前后对比效果如图4-52所示。

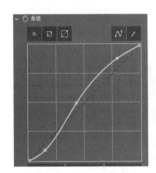

图4-51　调整曲线

图4-52　调整"熊猫"视频画面明暗度的前后对比效果

3. 调整画面颜色

微课视频

调整画面颜色

米拉觉得部分视频画面的色彩需要改善，比如需调整"老虎"视频画面的色彩饱和度，校正"马""天鹅"视频画面的偏色效果，提升视频画面的美观度，具体操作如下。

（1）选择"老虎.mp4"图层，将时间指示器移至0:00:32:16处，选择【效果】/【颜色校正】/【色相/饱和度】命令，设置主饱和度和主亮度分别为"38""-6"，如图4-53所示。再设置通道为"黄色"，黄色饱和度为"-8"，画面效果如图4-54所示。

图4-53　设置"色相/饱和度"参数

图4-54　调整画面饱和度

（2）选择"天鹅.mp4"图层，将时间指示器移至0:00:43:24处，此处画面中的湖水偏绿，不太美观。选择【效果】/【颜色校正】/【颜色平衡】命令，在"效果控件"面板中分别设置阴影蓝色平衡、中间调蓝色平衡、高光蓝色平衡为"46.0""39.0""18.0"，如图4-55所示。调整"天鹅"视频画面颜色的前后对比效果如图4-56所示。

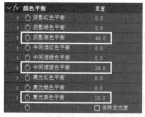

图4-55　设置"颜色平衡"参数

图4-56　调整"天鹅"视频画面颜色的前后对比效果

（3）选择"马.mp4"图层，将时间指示器移至0:00:37:11处，此处画面中的草地偏黄，可将其更改为绿色。选择【效果】/【颜色校正】/【更改为颜色】命令，在"效果控件"面板中单击自属性右侧的吸管工具，然后单击草地中的黄色区域吸取颜色，再分别设置至、色相、亮度、饱和度、柔和度为"#7A7D45""5.5%""40.0%""40.0%""80.0%"，如图4-57所示。调整"马"视频画面颜色的前后对比效果如图4-58所示。

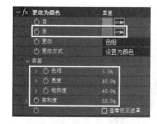

图4-57　设置"更改为颜色"参数

图4-58　调整"马"视频画面颜色的前后对比效果

4.　调整画面色调并添加字幕

为了使视频整体具有统一的色彩偏向，米拉决定利用调整图层为所有视频画面叠加一个暖色调滤镜，让视频画面的色调更加温馨，最后再为视频添加相应的字幕，具体操作如下。

（1）在"时间轴"面板中单击鼠标右键，在弹出的快捷菜单中选择【新建】/【调整图层】命令，然后选择【效果】/【颜色校正】/【照片滤镜】命令，在"效果控件"面板中设置滤镜为"橘红"，密度为"60.0%"，如图4-59所示。

微课视频

调整画面色调并添加字幕

（2）将时间指示器移至起始处，选择横排文字工具**T**，在"字符"面板中设置字体、文本颜色和字体大小分别为"方正兰亭粗黑简体""#EBEBEB""75像素"，如图4-60所示。

（3）在画面下方输入"人与动物都是地球这个大家庭的成员"文本，并使其居中对齐，然后为其添加"投影"图层样式，其余设置保持默认，字幕效果如图4-61所示。

图4-59 设置"照片滤镜"参数　　图4-60 设置字符属性　　图4-61 字幕效果

（4）选择文本图层，按7次【Ctrl+D】组合键复制该图层，然后分别修改7个图层中的文本内容为"《保护动物》字幕"素材中的文本，修改完后再统一对齐。

（5）将所有文本图层预合成为"文本"预合成图层，然后修改持续时间为"0:00:05:00"，再分别调整其入点和出点位置，如图4-62所示。最终效果如图4-63所示。

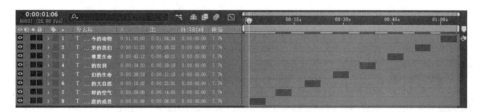

图4-62 调整文本图层的持续时间、入点和出点

图4-63 添加字幕的效果

（6）导入并拖曳"《保护动物》背景音乐.mp3"素材至"时间轴"面板，按【Ctrl+S】组合键保存文件，并将文件命名为"《保护动物》公益视频"，最后输出AVI格式的视频。

课堂练习

制作《环保节能》公益视频

效果预览

导入并查看提供的素材，分析画面中存在的色彩问题，利用多种颜色校正效果处理这些问题，然后输入文本并添加图层样式，再为部分文本制作关键帧动画，最终合成《环保节能》公益视频。本练习的参考效果如图4-64所示。

图4-64 《环保节能》公益视频参考效果

素材位置： 素材\项目4\《环保节能》公益视频素材
效果位置： 效果\项目4\《环保节能》公益视频.aep、《环保节能》公益视频.avi

综合实战 制作旅行社宣传视频

老洪查看米拉负责的视频任务的完成效果后，发现她的调色能力明显提升，便将制作旅行社宣传视频的任务交给她。米拉浏览客户提供的视频素材时，发现素材中存在的色彩问题较多，需要进行调色处理。

实战描述

实战背景	"行知有"旅行社准备将多个特色旅游景点的实地拍摄视频作为题材，制作一个宣传视频，并上传到各大平台中进行推广，吸引消费者关注和进一步了解该旅行社
实战目标	①制作尺寸为1920像素×1080像素、时长为1分钟左右的宣传视频
	②使用多种效果调整画面的明亮度、饱和度和对比度，增强视觉的表现力，使画面效果更具吸引力
	③使用"颜色平衡"效果调整画面中色彩的占比，增强视频的美观性
	④为片头及相应的景点画面输入文本，并添加图层样式，然后根据视频时长调整文本的持续时间，让消费者能够了解景点信息
知识要点	"Lumetri 颜色"效果、"色阶"效果、"曲线"效果、"曝光度"效果、"亮度和对比度"效果、"色相饱和度"效果、"颜色平衡"效果、"阴影/高光"效果

本实战的参考效果如图4-65所示。

效果预览

图4-65　旅行社宣传视频参考效果

素材位置： 素材\项目4\旅行社素材

效果位置： 效果\项目4\旅行社宣传视频.aep、旅行社宣传视频.avi

💬 思路及步骤

　　由于天气及拍摄设备的原因，旅行社拍摄的视频素材出现了曝光过度、色彩暗淡等问题，需要设计师利用AE中多种多样的颜色校正效果进行调色处理。本例的制作思路如图4-66所示，参考步骤如下。

① 调整画面明暗度和对比度　　　　② 调整画面颜色　　　　③ 输入文本

图4-66　制作旅行社宣传视频的思路

（1）新建符合要求的合成，导入所有素材，为时长较长的视频适当加快播放速度，然后利用序列图层为每个片段之间设置重叠效果。

（2）分别利用"Lumetri 颜色""色阶""曲线"等效果调整画面的亮度。

（3）分别利用"亮度和对比度""色相饱和度"效果调整画面的饱和度、对比度。

（4）使用"颜色平衡"效果美化画面的色彩。

（5）使用竖排文字工具【T】为不同的视频片段添加文本，适当调整文本的格式和位置，并添加图层样式。

（6）调整文本图层的入点和出点，使其与画面相契合，再将其预合成为"文本"预合成图层。最后添加背景音乐，保存和命名文件，并输出AVI格式的视频。

微课视频

制作旅行社宣传视频

课后练习 制作水果宣传视频

　　某水果店铺为宣传上新的苹果，准备将拍摄的商品视频制作成宣传视频并上传到网店中，尺寸要求为1080像素×1440像素。由于设备条件有限及拍摄天气不佳，视频画面效果不尽如人意。因此设计师需要先剪辑视频，然后为视频调色，最终制作出能够吸引消费者的宣传视频，参考效果如图4-67所示。

图4-67　水果宣传视频参考效果

素材位置： 素材\项目4\苹果视频

效果位置： 效果\项目4\水果宣传视频.aep、水果宣传视频.avi

项目5
使用蒙版与遮罩

通过一段时间的实践，米拉已经能够独立分析视频的色彩问题，并针对问题进行相应处理。于是老洪准备考查米拉在视频画面设计方面的能力，便将节目片头、宣传片和栏目包装的制作任务交给她，并告诉她："在这3个任务中，你需要根据客户的具体需求，为视频画面制作不同的效果。除了关键帧和动画预设外，你还可以利用蒙版和遮罩功能的特性，设计一些具有创意的画面效果。"

知识目标	● 熟悉蒙版和遮罩的概念和原理 ● 掌握创建与编辑蒙版的方法 ● 掌握应用遮罩的方法
素养目标	● 探寻增强视频创意性和视觉表现力的方法 ● 了解琴棋书画等传统文化，弘扬中华传统文化

任务5.1　制作《深夜美食》节目片头

　　米拉准备先制作《深夜美食》节目片头，她查看相关资料并了解了客户需求后，便开始构思节目片头的主要内容及效果的展现。最终她决定运用蒙版来调整视频画面显示的范围，从而设计视频画面的转场效果，以及节目主题文本的展现方式。

任务描述

任务背景	某电视台策划了一档《深夜美食》节目，以展示各地美食为主要内容，现需为其制作节目片头，在其中准确表现出节目的内容及相关信息，以吸引观众
任务目标	① 制作一个尺寸为1920像素×1080像素、时长为16秒的节目片头
	② 利用蒙版形状的变化，为不同美食视频素材的画面制作转场效果，转场效果要具有一定的创意
	③设计节目主题文本的展现方式，使用蒙版为文本背景和文本制作动画效果
知识要点	创建蒙版、文本蒙版、调整蒙版、蒙版的基本属性、蒙版的布尔运算、关键帧动画

　　本任务的参考效果如图5-1所示。

效果预览

图5-1　《深夜美食》节目片头参考效果

　　素材位置： 素材\项目5\美食素材
　　效果位置： 效果\项目5\《深夜美食》节目片头.aep、《深夜美食》节目片头.avi

知识准备

　　米拉虽然准备运用蒙版来设计《深夜美食》节目片头，但对于具体的设计方案还没有头绪，于是便请教身边的同事。同事建议她可以先学习蒙版的相关知识，从蒙版的不同特性中获取灵感。

1. 认识蒙版

　　蒙版可以简单地理解成一个特殊的区域，它依附于图层，作为图层的属性存在。通过调整蒙版的相关属性，可以将图层中对象的某一部分隐藏起来，只显示一部分，实现不同图层中的对象的混合，从而合成新的视频画面，如图5-2所示。

图5-2　通过蒙版混合不同图层中的对象

（1）蒙版的形状

蒙版的形状由路径决定，而路径又可分为闭合路径（起点和终点为同一个锚点，如矩形等封闭形状的路径）和开放路径（起点和终点不是同一个锚点，如直线就是一条开放路径）。其中，闭合路径的蒙版常用于遮挡图层的某一部分画面，而开放路径的蒙版常用于设置动画行动轨迹。

（2）新建蒙版

选择图层后，选择【图层】/【蒙版】/【新建蒙版】命令，或按【Ctrl+Shift+N】组合键，图层中的对象周围将出现一个带有颜色的路径所形成的定界框，该定界框内的区域即为蒙版，如图5-3所示，蒙版默认与图层大小相同。使用选取工具▶直接拖曳定界框上的控制点，可改变图层的显示范围，如图5-4所示。

图5-3　新建蒙版

图5-4　改变图层的显示范围

2. 蒙版的基本属性

为图层添加蒙版后，展开该图层，在其中可发现新增的"蒙版"栏，其下主要有蒙版路径、蒙版羽化、蒙版不透明度和蒙版扩展4种基本属性，如图5-5所示。

● **蒙版路径：** 用于调整蒙版的位置和形状参数，从而改变图层的显示区域。可直接使用选取工具▶或钢笔工具组中的工具，在"合成"面板中调整路径上的锚点；也可单击"时间轴"面板右侧的 形状… 按钮，打开图5-6所示的"蒙版形状"对话框，在"定界框"栏中调整蒙版的位置，在"形状"栏中设置蒙版的形状。图5-7所示为将矩形的蒙版设置为椭圆形后的效果。

图5-5　蒙版属性

图5-6 "蒙版形状"对话框

图5-7 将矩形的蒙版设置为椭圆形

- **蒙版羽化：** 用于调整蒙版水平或垂直方向的羽化程度，为蒙版周围添加模糊效果，使其边缘的过渡效果更加自然。图5-8所示为蒙版羽化为"100.0，100.0"像素的效果。
- **蒙版不透明度：** 用于调整蒙版的不透明度，但不对蒙版下方图层的不透明度造成影响。当该属性参数为100%时蒙版完全不透明，为0%时蒙版完全透明。
- **蒙版扩展：** 用于控制蒙版的扩展或者收缩。与等比例缩放不同，调整该属性的参数会使蒙版的形状发生改变。当该参数为正数时，蒙版将向外扩展，图5-9所示为蒙版扩展为"100.0"像素的效果；当该参数为负数时，蒙版将向内收缩。

图5-8 蒙版羽化为"100.0"像素的效果

图5-9 蒙版扩展为"100.0"像素的效果

3. 蒙版的布尔运算

布尔运算是数字符号化的逻辑推演法，可以使基本形状通过不同的运算方式产生新的形状。当图层中存在多个蒙版时，若需要调整视频画面的显示范围，可利用布尔运算进行计算，使其产生不同的形状效果。具体操作方法为：在"时间轴"面板中打开蒙版右侧的下拉列表，选择其中7种运算方法选项，如图5-10所示。

- **无：** 选择该选项时，蒙版仅作为路径形式存在，而不会被作为蒙版使用。
- **相加：** 默认选项，选择该选项，蒙版内所有的图层区域将全部显示，蒙版之外的图层区域将全部隐藏，如图5-11所示。
- **相减：** 选择该选项，蒙版内所有的图层区域将被隐藏，蒙版之外的图层区域将全部显示，如图5-12所示。

图5-10　蒙版的布尔运算

项目5　使用蒙版与遮罩

103

图5-11 "相加"运算

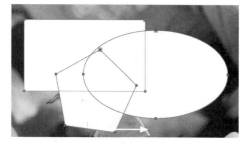

图5-12 "相减"运算

- **交集：** 选择该选项，将显示所有蒙版交集的图层区域，如图5-13所示。
- **变亮：** 与"相加"运算效果类似，但当图层中多个蒙版的不透明度存在差异时，蒙版重叠处将显示不透明度较高蒙版的图层区域，如图5-14所示。

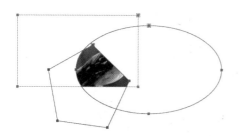

图5-13 "交集"运算

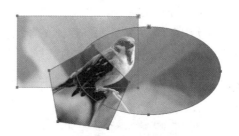

图5-14 "变亮"运算

- **变暗：** 与"交集"运算效果类似，但当图层中多个蒙版的不透明度存在差异时，蒙版重叠处将显示不透明度较低蒙版的图层区域，如图5-15所示。
- **差值：** 选择该选项，会先将蒙版进行"相加"运算，然后将偶数个蒙版重叠的部分减去，而奇数个蒙版重叠的部分将不会被减去，如图5-16所示。

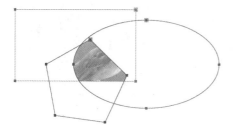

图5-15 "变暗"运算

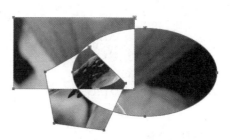

图5-16 "差值"运算

4. 创建蒙版

通过菜单命令可以创建与图层等大的蒙版，但若是需要创建不同形状的蒙版，可以直接使用形状工具组和钢笔工具组中的工具，通过绘制形状进行创建。需要注意的是，在绘制之前需要先选中图层。

- **形状工具组：** 选择形状工具组中的任意工具，直接在"合成"面板中按住鼠标左键不放并拖曳鼠标进行绘制，便可为该图层创建相应形状的蒙版，图5-17所示为创建多边形和星形蒙版的效果。

- **钢笔工具组：** 选择钢笔工具 ✎ ，然后在"合成"面板中单击创建锚点，连续的锚点可以形成路径，最后单击初始锚点闭合路径后，便可创建不规则形状的蒙版，如图5-18所示。

图5-17　创建多边形和星形的蒙版

图5-18　创建不规则形状的蒙版

除了以上方法外，还可以利用文本图层创建文本形状的蒙版，具体操作方法为：选择任意文本图层，选择【图层】/【创建】/【从文字创建蒙版】命令，将自动创建以该图层中文本内容为形状的纯色图层，展开该纯色图层，选择"蒙版"栏，按【Ctrl+C】组合键复制，再选择需要创建蒙版的其他图层，按【Ctrl+V】组合键粘贴，然后修改蒙版的布尔运算为"相加"，画面将仅在文本形状内显示，如图5-19所示，并且创建的蒙版数量由文本笔画决定。

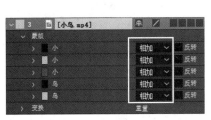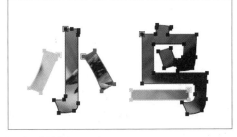

图5-19　创建文本形状的蒙版

知识补充

────── **蒙版路径动画** ──────

　　蒙版路径动画是指以蒙版路径作为运动轨迹的动画，如让文本沿着绘制的蒙版路径进行运动，具体操作方法可扫描右侧的二维码查看。

知识补充

蒙版路径动画

⚒ 任务实施

1. 使用蒙版制作展示动画

米拉准备利用蒙版来制作美食视频的展示动画，通过蒙版形状的变化逐渐显示出视频画面的全貌，具体操作如下。

（1）新建名称为"《深夜美食》节目片头"、尺寸为"1920像素×1080像素"、持续时间为"0:00:16:00"的合成，导入所有素材。

（2）将"美食1.avi"素材拖曳至"时间轴"面板，关闭音频，然后在选中该图层的情况下，双击矩形工具■，创建一个与画面等大的蒙版。

（3）按【M】键显示蒙版路径属性，然后单击 形状... 按钮，打开"蒙版形状"对话框，设置顶部、底部分别为"300像素""780像素"，然后单击 确定 按钮，如图5-20所示，此时"合成"面板中定界框的位置如图5-21所示。

图5-20　设置定界框位置

图5-21　定界框位置

（4）将时间指示器移至0:00:00:17处，开启蒙版路径属性的关键帧，然后将时间指示器移至起始处，设置定界框的顶部和底部均为"540像素"，使画面完全不显示。

（5）将时间指示器移至0:00:01:08处，选择选取工具▶，单击选择定界框左侧的两个控制点，然后按住【Shift】键的同时向下拖曳，使下方的控制点与合成的左下角对齐，如图5-22所示；选择右侧的两个控制点，按住【Shift】键的同时向上拖曳，并使上方的控制点与合成的右上角对齐，如图5-23所示。

图5-22　拖曳定界框左侧的控制点

图5-23　拖曳定界框右侧的控制点

（6）在"时间轴"面板中重新展开"蒙版1"栏，开启蒙版扩展属性的关键帧，然后将时间指示器移至0:00:02:00处，设置蒙版扩展为"600像素"，"美食1"视频的展示动画效果如图5-24所示。

图5-24　"美食1"视频的展示动画效果

（7）将时间指示器移至0:00:03:00处，拖曳"美食2.avi"素材至"时间轴"面板顶层，为其创建一个与画面等大的蒙版。按【M】键显示蒙版路径属性并开启关键帧，然后将时间指示器移至0:00:02:00处，调整定界框位置到左上角的画面外，如图5-25所示，"美食2"视频的展示动画效果如图5-26所示。

图5-25　调整定界框　　　　　　　图5-26　"美食2"视频的展示动画效果

（8）拖曳"美食3.avi"素材至"时间轴"面板顶层，设置伸缩为"80%"，然后为其创建一个与画面等大的蒙版，使用与步骤（2）相同的方法，在0:00:04:15和0:00:05:15处添加蒙版路径属性的关键帧，并将0:00:04:15处的蒙版调整到右上角的画面外，"美食3"视频的展示动画效果如图5-27所示。

图5-27　"美食3"视频的展示动画效果

（9）依次拖曳"美食4.avi"～"美食6.avi"素材至"时间轴"面板顶层，通过拆分图层分别选取"美食4.avi"～"美食6.avi"素材0:00:04:14—0:00:06:19、0:00:03:10—0:00:05:10、0:00:12:20—0:00:14:24的片段，再设置"美食4.avi"～"美食6.avi"图层的持续时间均为"0:00:01:10"。

（10）设置"美食4.avi"图层的入点为"0:00:07:01"，依次选择"美食4.avi"～"美食6.avi"图层，选择【动画】/【关键帧辅助】/【序列图层】命令，打开"序列图层"对话框，在其中单击选中"重叠"复选框，设置持续时间为"0:00:00:10"，过渡为"溶解前景图层"，单击 确定 按钮。此时的"时间轴"面板如图5-28所示。

图5-28　序列图层

2．使用蒙版制作放大动画

设计好视频的展示动画后，米拉准备先利用蒙版设计一个文本背景，并为其制作放大动画，具体操作如下。

（1）拖曳"美食7.avi"素材至"时间轴"面板顶层，设置伸缩为"60%"，入点为"0:00:10:00"。将时间指示器移至0:00:13:14处，选择椭圆工具 ，在

画面中间绘制图5-29所示的椭圆形蒙版，作为文本背景。

（2）在"时间轴"面板中展开"美食7.avi"图层的"蒙版1"栏，打开右侧的下拉列表，选择"相减"选项，如图5-30所示，效果如图5-31所示。

（3）设置蒙版羽化为"100.0,100.0"像素，使蒙版与边缘的过渡更加自然，效果如图5-32所示。

（4）开启蒙版扩展属性的关键帧，将时间指示器移至0:00:12:14处，设置蒙版扩展为"-350.0"像素。

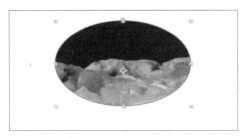

图5-29　绘制椭圆形蒙版

图5-30　设置蒙版的布尔运算

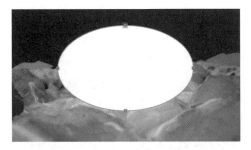

图5-31　"相减"蒙版效果

图5-32　设置蒙版羽化的效果

（5）文本背景的样式较为单调，且色彩过于明亮，因此可以添加纯色图层并叠加纹理。在"时间轴"面板中单击鼠标右键，在弹出的快捷菜单中选择【新建】/【纯色】命令，打开"纯色设置"对话框，设置颜色为"#CC7F2D"，然后单击 确定 按钮，然后拖曳该图层至"时间轴"面板底层。

（6）拖曳"灰色背景.jpg"素材至纯色背景图层上方，然后设置该图层的混合模式为"模版亮度"，文本背景的动画效果如图5-33所示。为避免影响其他图层，将这两个图层的入点都设置为"0:00:10:00"。

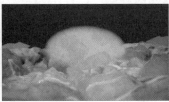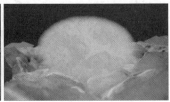

图5-33　文本背景的展示效果

3. 使用蒙版制作渐显动画

米拉准备在制作好的文本背景上添加文本，并使用蒙版的不同属性为文本制作不同的渐显动画，具体操作如下。

（1）将时间指示器移至0:00:14:12处，选择横排文字工具 T，在"字符"面板中设置字体为"汉仪晓波折纸体简"，文本颜色为"#E8460E"，其他参数如

微课视频

使用蒙版制作渐显动画

图5-34所示。然后在文本背景中输入"深夜美食"文本。

（2）选择【图层】/【图层样式】/【投影】命令，参数设置如图5-35所示。再为文本图层添加"描边"图层样式，设置颜色、大小分别为"#FFFFFF""4"，节目名称效果如图5-36所示。

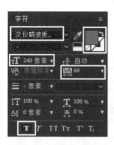

图5-34　设置文本格式　　　　图5-35　设置"投影"参数　　　　图5-36　节目名称效果

（3）选择文本图层，选择矩形工具■，绘制一个比文本大的矩形蒙版，如图5-37所示。开启蒙版路径属性的关键帧，将时间指示器移至0:00:13:12处，然后使用选取工具▶向上拖曳定界框下方的两个控制点，使文字完全消失，如图5-38所示，节目名称的渐显动画效果如图5-39所示。

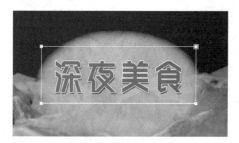

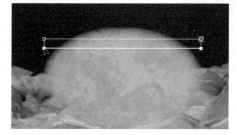

图5-37　绘制矩形蒙版　　　　　　　　　　图5-38　拖曳下方控制点

图5-39　节目名称的渐显动画效果

（4）将时间指示器移至0:00:15:00处，选择横排文字工具▼，在"字符"面板中设置字体、文本颜色、字体大小、字符间距分别为"方正姚体""#FFFFFF""86像素""0"，并单击"仿粗体"按钮▼，然后在"深夜美食"文本下方输入"感受味觉的奇妙之旅"文本。

（5）选择新建的文本图层，选择【图层】/【创建】/【从文字创建蒙版】命令，然后展开新建的"'感受味觉的奇妙之旅'轮廓"图层中的"蒙版"栏，按住【Shift】键的同时选择其中的所有蒙版，按【Ctrl+C】组合键复制，接着选择"美食7.avi"图层，按【Ctrl+V】组合键粘贴，如图5-40所示，再修改布尔运算为"相加"，删除文本图层及新建的纯色图层。

（6）此时文本效果不太明显，需要进行优化。选择"美食7.avi"图层，为其添加"内阴影"图层样式，设置不透明度、距离和大小分别为"80%""8""8"，文本效果如图5-41所示。

图5-40　创建文本蒙版

图5-41　添加"内阴影"图层样式

（7）选择"美食7.avi"图层中的所有文本蒙版，按两次【T】键显示蒙版不透明度属性，然后分别在0:00:15:00和0:00:14:00处添加不透明度为"100%"和"0%"的关键帧，文本展示效果如图5-42所示。

图5-42　文本展示效果

（8）拖曳"《深夜美食》背景音乐.mp3"素材至"时间轴"面板，按【Ctrl+S】组合键保存文件，并将文件命名为"《深夜美食》节目片头"，最后输出AVI格式的视频。

课堂练习

制作《知云新闻》节目片头

以提供的素材为视频背景，通过纯色图层蒙版的蒙版路径和蒙版扩展使视频画面逐渐显示，然后利用蒙版路径为矩形制作展开动画，为文本制作显示动画，最终制作出《知云新闻》节目片头。本练习的参考效果如图5-43所示。

效果预览

图5-43　《知云新闻》节目片头参考效果

素材位置： 素材\项目5\云景图.tif

效果位置： 效果\项目5\《知云新闻》节目片头.aep、《知云新闻》节目片头.avi

任务5.2　制作古镇宣传片

米拉将《深夜美食》节目片头的成品交给老洪审阅，在等待审阅结果期间，她开始研究起了制作古镇宣传片的任务资料。为了实现客户提出的水墨风效果，米拉搜集了一些水墨素材，准备结合遮罩功能来进行制作。

 **任务描述**

任务背景	南浔古镇是具有千年历史文化的旅游景区，该镇的管理管委会为促进当地的旅游业发展，扩大古镇的知名度和影响力，准备制作一则水墨风格的宣传片
任务目标	① 制作一个尺寸为1920像素×1080像素、时长为12秒的宣传片
	② 利用水墨素材，结合遮罩功能制作墨点不断扩大使画面内容逐渐显示出来的效果
	③ 在画面空白处添加文字和装饰元素，并同样为其制作水墨风的显示效果
知识要点	应用遮罩、遮罩的类型、变换图层、蒙版路径、关键帧动画

本任务的参考效果如图5-44所示。

图5-44 古镇宣传片参考效果

素材位置： 素材\项目5\古镇素材
效果位置： 效果\项目5\古镇宣传片.aep、古镇宣传片.avi

知识准备

为了更好地在视频中应用遮罩，米拉准备先熟悉不同遮罩类型的特点，以根据水墨素材的情况选择合适的遮罩类型。

1. 认识遮罩

在AE中，可将两个相邻图层中的上层图层（遮罩图层）设置为下层图层（被遮罩图层）的遮罩，上层图层中对象的像素可以决定下层图层中相应像素的透明度，从而决定下层图层的显示范围。图5-45所示为应用遮罩的效果。

图5-45 应用遮罩的效果

2. 应用遮罩

在应用遮罩时，需要先调整图层的顺序，让遮罩图层位于被遮罩图层的上方，然后打开被遮罩图层"轨道遮罩"栏中的"无"下拉列表，在其中选择并应用不同类型的遮罩。应用遮罩后，遮罩图层将被隐藏，且该图层名称左侧将显示◎图标，被遮罩图层名称左侧将显示◎图标，如图5-46所示。

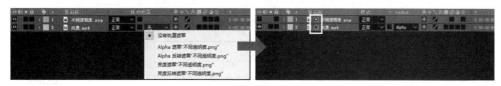

图5-46 应用遮罩

AE中提供Alpha遮罩、Alpha反转遮罩、亮度遮罩和亮度反转遮罩4种不同类型的遮罩，分别以不透明度和亮度来决定图层的显示范围。

- **Alpha遮罩：** 能够读取遮罩图层的不透明度信息，应用该遮罩后，下层图层中的内容将只受不透明度的影响，Alpha通道中的像素值为100%时显示为不透明。图5-47所示的左侧分别为上层图层（不透明度从左至右依次降低）和下层图层，右侧为下层图层应用Alpha遮罩后的效果。

- **Alpha反转遮罩：** 与Alpha遮罩的原理相反，Alpha通道中的像素值为0%时显示为不透明。图5-48所示为给下层图层应用Alpha反转遮罩的效果。

图5-47 应用Alpha遮罩　　　　　　　图5-48 应用Alpha反转遮罩

- **亮度遮罩：** 能够读取遮罩图层的不透明度信息和亮度信息，应用该遮罩后，下层图层除了受不透明度影响外，同时还将受到亮度的影响，像素的亮度值为100%时显示为不透明。图5-49所示的左侧分别为上层图层（亮度从左至右依次提高）和下层图层，右侧为下层图层应用亮度遮罩的效果。

- **亮度反转遮罩：** 与亮度遮罩的原理相反，像素的亮度值为0%时显示为不透明。图5-50所示为给下层图层应用亮度反转遮罩的效果。

图5-49　应用亮度遮罩

图5-50　应用亮度反转遮罩

疑难解析

蒙版与遮罩的应用效果类似，它们有什么区别？

　　①存在方式不同：蒙版相当于图层的一个属性，而遮罩则作为一个单独的图层存在。②显示效果不同：蒙版只能将图层中的内容显示在使用工具绘制的形状蒙版或由文本生成的蒙版中，而遮罩还能将图层中的内容显示在所选择的特定素材中。

⚒ 任务实施

1. 使用遮罩制作水墨风效果

微课视频

使用遮罩制作
水墨风效果

米拉准备先利用水墨素材为视频制作渐显动画，并通过变换图层来改变视频的显示区域，使视频中间的片段与其他两个片段有所区别，具体操作如下。

（1）新建名称为"古镇宣传片"、尺寸为"1920像素×1080像素"、持续时间为"0:00:12:00"的合成，导入所有素材。

（2）将"古镇1.mp4""水墨素材.mp4"素材拖曳至"时间轴"面板，并使"水墨素材.mp4"图层位于顶层。

（3）为便于查看效果，将时间指示器移至0:00:02:00处，然后打开"古镇1.mp4"图层"轨道遮罩"栏下的"无"下拉列表，在其中选择"亮度反转遮罩'水墨素材.mp4'"选项，应用遮罩的前后对比效果如图5-51所示。

图5-51　应用亮度反转遮罩的前后对比效果

（4）选择两个图层，按【Ctrl+Shift+C】组合键，打开"预合成"对话框，设置新合成名称为"片段1"，单击 确定 按钮。选择预合成图层，按【T】键显示不透明度，分别在0:00:03:12和0:00:04:12处添加不透明度为"100%"和"0%"的关键帧，"片段1"的渐显动画效果如图5-52所示。

图5-52 "片段1"的渐显动画效果

（5）在"项目"面板中选择"片段1"预合成，按【Ctrl+D】组合键得到"片段2"预合成，双击打开新的预合成，选中"古镇1.mp4"图层，然后在按住【Alt】键的同时，将"项目"面板中的"古镇2.mp4"素材拖曳到"时间轴"面板的"古镇1.mp4"图层上方，以替换该图层的内容，如图5-53所示。

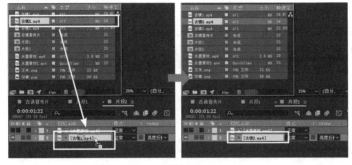

图5-53 替换图层的内容

（6）选择"水墨素材.mp4"图层，然后选择【图层】/【变换】/【水平翻转】命令，使该图层中的水墨，即画面的显示区域水平翻转，"片段2"的渐显动画效果如图5-54所示。

图5-54 "片段2"的渐显动画效果

（7）切换到"古镇宣传片"合成，拖曳"片段2"预合成至"时间轴"面板顶层，并调整图层入点为"0:00:04:00"，然后分别在0:00:07:12和0:00:08:12处添加不透明度为"100%"和"0%"的关键帧。

（8）使用与步骤（5）相同的方法复制"片段1"预合成，得到"片段3"预合成，然后将其中的"古镇1.mp4"素材替换为"古镇3.mp4"素材，"片段3"的渐显动画效果如图5-55所示。再拖曳"片段3"预合成至"古镇宣传片"合成的顶层，并调整图层入点为"0:00:08:00"。

图5-55 "片段3"的渐显动画效果

2. 为文本和装饰元素制作动画

视频画面的水墨效果制作完毕后，为了统一视频风格，米拉决定在添加文本和装饰元素后，为部分文本也制作类似的渐显动画，具体操作如下。

微课视频
为文本和装饰元素
制作动画

（1）打开"片段1"预合成，将时间指示器移至0:00:03:00处，依次拖曳"文本.png""印章.png"素材至"时间轴"面板顶层，并适当调整大小和位置，效果如图5-56所示。再将这两个图层预合成为"文本"图层，便于后续统一应用遮罩。

（2）拖曳"水墨素材2.mov"素材到"文本"图层上方，然后适当缩小素材，并将其旋转一定角度，使黑色区域完全遮盖文本内容，如图5-57所示。

图5-56　调整文本素材的大小和位置

图5-57　调整水墨素材的大小和位置

（3）打开"文本"图层"轨道遮罩"栏下的"无"下拉列表，选择"Alpha遮罩'水墨素材2.mov'"选项，"文本"图层的渐显动画效果如图5-58所示。

图5-58　"文本"图层的渐显动画效果

（4）打开"片段2"预合成，将时间指示器移至0:00:06:00处，在"字符"面板中设置文本格式，如图5-59所示。选择竖排文字工具🆃，在画面右侧输入"桥西一曲水通村，岸阁浮萍绿有痕。"文本，如图5-60所示。

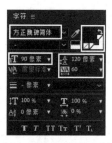

图5-59　设置"片段2"文本格式

图5-60　输入"片段2"文本

（5）拖曳"水墨素材2.mov"素材到"时间轴"面板顶层，然后调整素材的大小和旋转角度，使黑色区域完全遮盖文本内容，如图5-61所示。再打开"文本"图层"轨道遮罩"栏下的"无"下拉列表，选择"Alpha遮罩'水墨素材2.mov'"选项，效果如图5-62所示。

图5-61 调整水墨素材 图5-62 为"片段2"文本制作渐显动画

（6）复制"片段1"预合成中的"文本"图层及"水墨素材2.mov"图层到"片段3"预合成中，然后适当调整文本位置，效果如图5-63所示。

图5-63 "片段3"的渐显动画效果

（7）切换到"古镇宣传片"合成，将时间指示器移至0:00:11:00处，在"字符"面板中设置字体、文本颜色、字体大小、行距分别为"方正楷体简""#000000""56像素""80像素"，使用横排文字工具T在画面左下方输入"邂逅千年古镇 远离城市喧嚣"文本。

（8）选择文本图层，使用矩形工具█绘制一个比文本大的矩形蒙版，如图5-64所示。开启蒙版路径属性的关键帧，将时间指示器移至0:00:10:00处，然后使用选取工具▶向左拖曳右侧的两个控制点，直至文本完全消失，如图5-65所示。文本的渐显动画效果如图5-66所示。

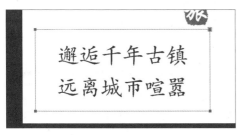

图5-64 绘制矩形蒙版 图5-65 拖曳右侧的控制点

图5-66 文本的渐显动画效果

（9）拖曳"古镇.mp3"素材至"时间轴"面板，按【Ctrl+S】组合键保存文件，并将文件命名为"古镇宣传片"，最后输出AVI格式的视频。

设计素养

　　水墨风是一种恬静淡雅的中式艺术风格，具有中国文化的独特韵味。在影视编辑中，水墨风依靠独有的气韵及博大精深的意境，可以营造出一种古朴的氛围，使简洁的画面具有独特的意境、格调及气韵，展示出深厚的思想内涵及文化情结。设计师在制作该类风格的视频时，需要从传统元素出发，结合优秀设计理念，将水墨风的传统性和时代的先进性进行结合，实现优势互补，产生丰富的视觉美感，以便更好地传承和发扬水墨风的设计。

课堂练习

制作《书香弥漫》宣传片

　　导入提供的素材，先适当调整视频素材的时长、播放速度，然后添加相应的字幕，再为片头和片尾制作水墨风的过渡效果，使画面更具吸引力，最终制作出《书香弥漫》宣传片。本练习的参考效果如图5-67所示。

—— 效果预览 ——

图5-67　《书香弥漫》宣传片参考效果

素材位置： 素材\项目5\《书香弥漫》素材
效果位置： 效果\项目5\《书香弥漫》宣传片.aep、《书香弥漫》宣传片.avi

 **综合实战**　　制作《琴棋书画》栏目包装

　　顺利完成两个任务后，米拉开始着手研究《琴棋书画》栏目包装的相关资料。由于该视频内容较多，于是米拉准备将视频整体分成片头、内容和片尾3个部分依次进行设计，并结合蒙版和遮罩为视频画面和文本、图片等元素制作展示动画。

实战描述

实战背景	栏目包装是对电视节目、频道甚至是电视台整体形象进行的一种外在形式要素的规范和强化，如声音（对话、音乐、音效）和图像（固定画面、运动画面）等，以突出栏目的个性特征和特点。为弘扬传统文化，让更多人学习并传承中华优秀传统文化，某电视台策划了一系列以"传统文化"为主题的栏目，针对不同的传统文化进行讲解宣传。栏目第一期以"琴棋书画"为主要宣传内容，需要设计师为其设计相关的栏目包装

实战目标	①制作尺寸为1280像素×720像素、时长为36秒的栏目包装
	②采用水墨晕染的视频作为开头引入，然后结合水墨素材和遮罩功能显示出典雅的背景及该期节目的标题文本
	③分别介绍"琴""棋""书""画"的含义，并搭配相应的图像作为辅助，同时利用蒙版制作展示动画
	④为片头和片尾的文本制作展示动画，丰富视觉表现力；着重突出"琴棋书画"文字，使观众对该期节目的内容有更深的印象
知识要点	创建蒙版、蒙版的基本属性、应用遮罩、关键帧动画、预合成图层、文本的动画预设

本实战的参考效果如图5-68所示。

效果预览

图5-68 《琴棋书画》栏目包装参考效果

素材位置： 素材\项目5\《琴棋书画》素材

效果位置： 效果\项目5\《琴棋书画》栏目包装.aep、《琴棋书画》栏目包装.avi

思路及步骤

蒙版和遮罩都可以决定图层的显示范围，设计师可以利用这种特性来为《琴棋书画》栏目包装中的水墨背景、文本、装饰等元素设计渐显动画。本例的制作思路如图5-69所示，参考步骤如下。

①设计并制作片头　　　　②制作不同的内容介绍版块　　　　③设计并制作片尾

图5-69 制作《琴棋书画》栏目包装的思路

（1）新建符合要求的合成，导入所有素材，利用水墨晕染的视频引出主要内容，并适当调整水墨晕染视频的时长；输入标题文本，分别利用蒙版和动画预设制作显示动画，然后预合成为"片头"图层。

（2）利用水墨素材和遮罩功能制作转场效果，然后分别通过不透明度和蒙版路径的关键帧制作画面中各元素的显示动画，再预合成为"琴"图层。

（3）复制3次"琴"图层，分别修改其中的文本信息和相关图像，然后回到主合成中，并分别调整图层入点。

（4）复制制作的转场效果，输入片尾文本并利用动画预设制作显示动画。

（5）添加背景音乐，保存并命名文件，输出AVI格式的视频。

微课视频

制作《琴棋书画》
栏目包装

 课后练习 制作《动感时尚》栏目包装

　　《动感时尚》是一档以时尚为主题的栏目，通过穿搭、美妆等形式解析当下的潮流趋势，现需要设计师制作一个栏目包装，尺寸要求为1280像素×720像素。设计师可以先绘制矩形作为背景，然后利用蒙版制作一个片头背景动画，分别为添加的素材制作展示动画，再为多个装饰矩形制作相同的动画效果，最后应用遮罩为右侧的文字制作渐显动画，参考效果如图5-70所示。

效果预览

图5-70 《动感时尚》栏目包装参考效果

素材位置： 素材\项目5\《动感时尚》素材
效果位置： 效果\项目5\《动感时尚》栏目包装.aep、《动感时尚》栏目包装.avi

项目6
应用抠像技术

情景描述

　　为了让米拉更加了解公司的组织架构及工作内容,老洪带她参与了跨部门合作任务。在与摄影部门合作时,米拉看到布置了绿幕和蓝幕的拍摄间,便感到一丝好奇,咨询老洪这些幕布的作用。老洪告诉米拉:"在视频编辑中,抠像是经常使用的编辑技术之一,可以轻松地将抠取的对象融合到其他视频中。因此,我们有时为了合成视频,会利用绿幕和蓝幕拍摄一些素材,以便后期抠取。这次与摄影部门合作就需要你应用抠像技术来处理素材,再合成最终的视频。"

学习目标

知识目标	● 熟悉不同抠像效果的作用 ● 掌握不同抠像效果的使用方法
素养目标	● 提升细节把控能力,养成严谨细致、精益求精的工作态度 ● 弘扬航天精神,汲取奋进力量

任务6.1　制作《致敬航天人》短片

　　米拉查看《致敬航天人》短片的任务资料，发现需要处理的素材主要有3段，包含绿幕的视频素材和两个图像素材，于是她在构思好视频的主要内容后，便开始研究如何抠取与合成素材。

任务描述

任务背景	某航天兴趣小组为弘扬航天精神、科普航天知识、推进航天强国建设，准备制作一则以"致敬航天人"为主题的短片，让观众能够从中感受航天人强烈的责任感与奋勇拼搏的精神
任务目标	① 制作一则尺寸为1920像素×1080像素、时长为25秒的短片
	② 抠取出绿幕素材中的宇航员，并使其自然地融入星空背景中
	③ 抠取出图像素材中的主体对象，然后为其制作相关的显示动画
	④ 为视频画面添加字幕，并在视频结尾制作主题文本和其他文本的动画
知识要点	"Keylight"效果、"内部/外部键"效果、"色阶"效果、"曲线"效果、关键帧动画

　　本任务的参考效果如图6-1所示。

图6-1　《致敬航天人》短片参考效果

　　素材位置： 素材\项目6\《致敬航天人》字幕.txt、《致敬航天人》素材
　　效果位置： 效果\项目6\《致敬航天人》短片.aep、《致敬航天人》短片.avi

知识准备

　　米拉在学校进行视频编辑时，很少使用抠像类的效果，因此在老洪的建议下，她准备先加深对抠像相关知识的了解，再将抠像应用到该次任务中。

1. "Keylight"效果

　　"Keylight"是一个高效、便捷且功能强大的抠像效果，能通过所选颜色检索视频画面，然后抠取画面中包含对应颜色的区域。当选择【效果】/【Keying】/【Keylight】命令时（除了该效果外，其余抠像类效果都在选择【效果】/【抠像】命令后的子菜单中，后续不再赘述），"效果控件"面板中将显示图6-2所示的"Keylight"效果对应的参数。

图6-2 "Keylight"效果

- **View（视图）**：用于设置在"合成"面板中的预览方式，默认为Final Result（最后结果）视图选项，如图6-3所示。另外，Screen Matte（屏幕遮罩）视图选项也比较常用，可查看抠像结果的黑白剪影，如图6-4所示，其中黑色区域表示被抠取的部分，白色区域表示保留的部分，灰色区域表示半透明的部分。

- **Screen Colour（屏幕颜色）**：用于设置需要抠除的背景颜色。可以在右侧的色块上单击鼠标左键，打开"Screen Colour"对话框，在其中设置颜色值；也可以单击色块右侧的吸管工具█，然后直接吸取画面中的颜色。

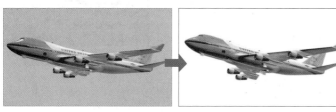

图6-3 "Final Result"视图

图6-4 "Screen Matte"视图

- **Screen Gain（屏幕增益）**：用于扩大或缩小抠像的范围。

- **Screen Balance（屏幕平衡）**：用于调整Alpha通道的对比度。绿幕抠像时默认值为"50.0"，当数值大于"50.0"时，画面整体颜色会受Screen Color参数的影响；而数值小于"50.0"时，画面整体颜色则会受Screen Color参数以外的颜色（红色和蓝色）的影响。蓝幕抠像时默认值为"95.0"。

- **Despill/Alpha Bias（色彩/Alpha偏移）**：用于设置色彩和Alpha通道的偏移色彩，可将抠取出的对象的边缘进行细化处理。

- **Screen Pre-blur（屏幕模糊）**：用于设置边缘的模糊程度，适合有明显噪点（指画面中的粗糙部分，也指不该出现的外来像素）的画面。

- **Screen Matte（屏幕遮罩）**：用于设置屏幕遮罩的具体参数，在对应的视图中修改参数可以更好地进行抠像。

- **Inside Mask（内侧蒙版）**：用于防止抠取画面中的颜色与Screen Color参数设置的颜色相近而被抠除掉，绘制蒙版后，可使蒙版区域内的画面在抠像时保持不变，如图6-5所示。

- **Outside Mask（外侧蒙版）**：功能与Inside Mask相反，可将蒙版区域内的画面在抠像时被整体抠除掉，如图6-6所示。

- **Foreground Colour Correction（前景颜色校正）**：用于校正抠取画面内部的颜色。

- **Edge Colour Correction（边缘颜色校正）**：用于校正抠取画面边缘的颜色。

- **Source Crops（源裁剪）**：用于快速使用垂直和水平的方式来裁剪不需要的元素。

图6-5　使用Inside Mask

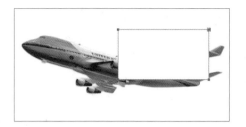

图6-6　使用Outside Mask

2. "内部/外部键"效果

"内部/外部键"效果可以通过为图层创建蒙版来决定图层上对象的边缘内部和外部，从而进行抠像，并且绘制蒙版时不需要完全贴合对象的边缘。图6-7所示为"内部/外部键"效果对应的参数。

- **前景（内部）：** 用于选择图层中的蒙版作为合成中的前景层。
- **其他前景：** 与前景（内部）功能相同，可再添加10个蒙版作为前景层。
- **背景（外部）：** 用于选择图层中的蒙版作为合成中的背景层。图6-8所示为设置前景和背景的前后对比效果。

图6-7　"内部/外部"效果

图6-8　设置前景和背景的前后对比效果

- **其他背景：** 与背景（外部）功能相同，可再添加10个蒙版作为背景层。
- **清理前景：** 用于沿蒙版增加不透明度。
- **清理背景：** 用于沿蒙版减少不透明度。
- **薄化边缘：** 用于设置受抠像影响的遮罩边界效果。正值使边缘朝透明区域的相反方向移动，可增大透明区域；负值使边缘朝透明区域移动，可增大前景区域。
- **羽化边缘：** 用于设置抠像区域边缘的柔化程度，图6-9所示分别为羽化边缘为"5.0"和"20.0"的效果。需要注意的是，该值越高，渲染文件的时间也就越长。

图6-9　设置不同羽化边缘的效果

- **边缘阈值：** 用于移除使图像背景产生不需要杂色的低不透明度像素。
- **"反转提取"复选框：** 单击选中该复选框，可反转前景与背景的区域。
- **与原始图像混合：** 用于设置生成的提取画面与原始画面的混合程度。

🛠 任务实施

1. 抠取并调整宇航员视频

由于绿幕视频素材中背景与前景对象的色彩区分较为明显，因此米拉准备直接使用"Keylight"效果抠取宇航员，具体操作如下。

（1）新建名称为"《致敬航天人》短片"、尺寸为"1920像素×1080像素"、持续时间为"0:00:25:00"的合成，导入所有素材，然后依次拖曳"背景1.mp4""宇航员1.mp4"素材至"时间轴"面板。

（2）选择"宇航员1.mp4"图层，选择【效果】/【Keying】/【Keylight（1.2）】命令，打开"效果控件"面板，单击Screen Colour右侧的吸管工具，鼠标指针变为形状，然后在视频画面中的绿色区域单击，以去除该颜色所在的区域，抠取"宇航员1"视频的前后对比效果如图6-10所示。

图6-10　抠取"宇航员1"视频的前后对比效果

（3）预览视频可发现背景视频的播放速度较慢，因此设置"背景1.mp4"图层的伸缩为"80%"，效果如图6-11所示。

图6-11　调整图层伸缩

（4）依次拖曳"背景2.mp4""宇航员2.mp4"素材至"时间轴"面板，适当缩小"宇航员2.mp4"图层的大小，并设置该图层的持续时间为"0:00:06:00"。再使用与步骤（2）相同的方法去除"宇航员2.mp4"图层中的绿色，抠取"宇航员2"视频的前后对比效果如图6-12所示。

图6-12　抠取"宇航员2"视频的前后对比效果

（5）"宇航员2"视频中的宇航员颜色较为暗淡，在视频画面中不够突出，因此可以将其适当调亮。选择"宇航员2.mp4"图层，选择【效果】/【颜色校正】/【色阶】命令，在"效果控件"面板中设置如图6-13所示的参数，调整色阶后的效果如图6-14所示。

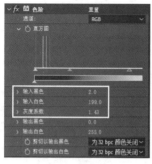

图6-13　调整色阶

图6-14　调整色阶后的效果

知识补充

在抠像与合成中灵活运用颜色校正类效果

当抠取的视频画面与需要合成的视频画面不相融时，可能导致合成效果不理想，此时可通过颜色校正效果中的各类命令来调整视频画面的色相、饱和度、亮度等参数，使画面之间的融合更加自然。

（6）依次拖曳"背景3.mp4""宇航员3.mp4"素材至"时间轴"面板，设置"背景3.mp4"图层的伸缩为"60%"，使用与步骤（2）相同的方法去除"宇航员3.mp4"图层中的绿色，抠取"宇航员3"视频的前后对比效果如图6-15所示。

图6-15　抠取"宇航员3"视频的前后对比效果

（7）选择"宇航员3.mp4"图层，选择【效果】/【颜色校正】/【曲线】命令，在"效果控件"面板中调整曲线如图6-16所示，调整后的效果如图6-17所示。

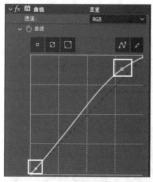

图6-16　调整曲线

图6-17　调整曲线后的效果

（8）分别调整每个素材的图层入点，如图6-18所示，使视频素材依次播放，调整后的视频播放效果如图6-19所示。

图6-18　调整图层入点

图6-19　视频播放效果

2. 抠取装饰元素并制作动画

由于"宇航员.jpg""空间站.jpg"素材中的背景和前景对象的部分色彩较为相似，因此不能直接通过选取某种色彩来去除对应的区域，于是米拉准备使用"内部/外部键"效果进行操作，具体操作如下。

微课视频

抠取装饰元素
并制作动画

（1）依次拖曳"背景.jpg""宇航员.jpg"素材到"时间轴"面板，调整图层入点为"0:00:17:00"。

（2）选择"宇航员.jpg"图层，选择钢笔工具，沿着宇航员的边界，在其内侧依次单击鼠标左键创建锚点，绘制出图6-20所示的蒙版1，并设置该蒙版的运算方法为"无"。

（3）使用钢笔工具沿着宇航员的边界在其外侧绘制蒙版2，并设置该蒙版的运算方法为"无"，如图6-21所示。

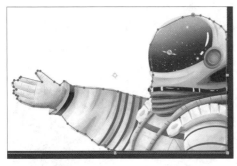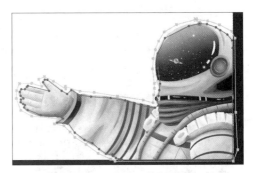

图6-20　为"宇航员"绘制蒙版1　　　　　　图6-21　为"宇航员"绘制蒙版2

（4）选择【效果】/【抠像】/【内部/外部键】命令，在"效果控件"面板中设置前景（内部）为"蒙版1"，背景（外部）为"蒙版2"，羽化边缘为"10.0"，如图6-22所示，抠取效果如图6-23所示。

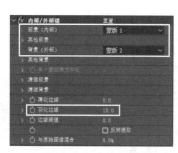

图6-22　设置"内部/外部键"

图6-23　"宇航员"抠取效果

（5）拖曳"空间站.jpg"素材至"宇航员.jpg"图层下方，使用钢笔工具 沿空间站的边界在其内侧绘制图6-24所示的蒙版1，接着再在其外侧绘制图6-25所示的蒙版2，然后设置这两个蒙版的运算方式为"无"。

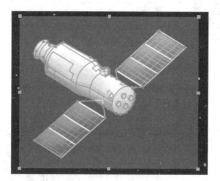

图6-24　为"空间站"绘制蒙版1

图6-25　为"空间站"绘制蒙版2

（6）选择"空间站.jpg"图层，选择【效果】/【抠像】/【内部/外部键】命令，在"效果控件"面板中设置前景（内部）为"蒙版1"，背景（外部）为"蒙版2"，羽化边缘为"2.0"，抠取出空间站的主体。

（7）此时空间站中间还有两个区域需要抠取，可直接使用钢笔工具 绘制图6-26所示的蒙版3和蒙版4，然后设置这两个蒙版的运算方法为"相减"，效果如图6-27所示。

（8）选择"背景.jpg"图层，按【T】键显示不透明度属性，分别在0:00:17:00和0:00:18:00处添加不透明度为"0%""100%"的关键帧，使其逐渐显示。选择"宇航员.jpg"图层，分别在0:00:18:00和0:00:19:00处添加不透明度为"0%""100%"的关键帧。

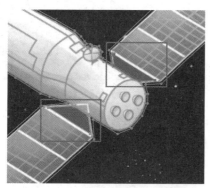

图6-26　为"空间站"绘制蒙版3和蒙版4

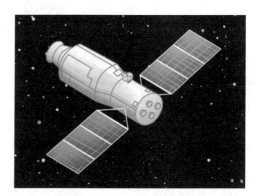

图6-27　"空间站"最终效果

（9）选择"空间站.jpg"图层，按【P】键显示位置属性，将时间指示器移至0:00:18:00处，开启关键帧，然后将空间站移至右侧的画面外，接着依次在0:00:19:00、0:00:20:00和0:00:21:00处添加关键帧，并在对应时间点调整空间站的位置，尽量使其在关键帧之间的移动速度相同，其运动路径如图6-28所示。

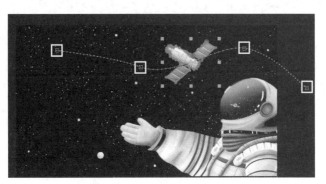

图6-28　空间站的运动路径

（10）将时间指示器移至0:00:18:00处，按【空格】键预览装饰元素的动画效果，如图6-29所示。

图6-29　装饰元素的动画效果

3. 输入文本并制作动画

为了使视频内容更加完善，米拉还需要为视频添加字幕文本及视频主题文本，并为相关文本制作动画效果，具体操作如下。

（1）将时间指示器移至0:00:00:00处，选择横排文字工具██，在"字符"面板中设置图6-30所示的参数，然后在画面下方输入"短短的几十年里"文本，并使其居中显示。再为该文本添加"投影"图层样式，并保持默认设置不变，效果如图6-31所示。

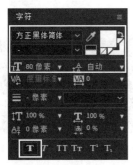

图6-30　设置文本格式

图6-31　文本效果

（2）选择文本图层，按12次【Ctrl+D】组合键复制出12个文本图层，接着根据"《致敬航天人》字幕.txt"素材中的内容，依次修改12个文本图层中的文本内容，然后根据文本的长短调整其时长，再利用序列图层使文本图层逐一显示，如图6-32所示。最后将所有文本图层预合成为"字幕"预合成图层。

图6-32　序列图层

（3）使用横排文字工具 T 在画面中间输入"致敬航天人"主题文本，设置字体、大小、字符间距分别为"方正清刻本悦宋简体""180像素""60"，单击"仿粗体"按钮 T 。再为该文本添加"内阴影"图层样式，设置颜色为"#001570"，其他参数如图6-33所示，主题文本效果如图6-34所示。

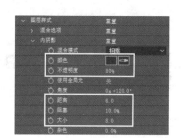

图6-33　设置"内阴影"图层样式

图6-34　主题文本效果

（4）将时间指示器移至0:00:20:00处，选择主题文本，打开"效果和预设"面板，依次展开"★动画预设""Text""Blurs"文件夹，双击其中的"子弹头列车"选项，再按【U】键显示关键帧，并将右侧的关键帧移至0:00:22:00处，减慢文本出现的速度。

（5）使用横排文字工具 T 在画面左下方输入"建设航天强国 我们使命在肩"文本，设置字体、大小、行距、字符间距分别为"方正兰亭准黑简体""60像素""100像素""60"。按【P】键显示位置属性，分别在0:00:22:00和0:00:23:00处添加关键帧，并适当调整文本位置，制作从上至下的移动动画，效果如图6-35所示。

图6-35　从上至下的移动动画效果

（6）拖曳"背景音乐.mp3"素材至"时间轴"面板，最终效果如图6-36所示，按【Ctrl+S】组合键保存文件，并将文件命名为"《致敬航天人》短片"，最后输出AVI格式的视频。

迈向航天强国的道路上　　广大航天工作者呕心沥血，迎难前行　　这些都是一代代中国航天人

图6-36 《致敬航天人》短片最终效果

设计素养

　　新一代航天人在攀登科技高峰的伟大征程中，以特有的崇高境界、顽强的意志和杰出的智慧，铸就了载人航天精神。载人航天精神启示人们要有敢于有梦、勇于追梦、勤于圆梦的理想信念。设计师要以航天英雄为榜样，坚定理想和信念，学习他们勇攀高峰的精神、追求卓越的高尚品格，以及严谨细致、精益求精的务实作风。

课堂练习

制作《微绿》短片

　　导入提供的素材，先分别使用"Keylight"效果和"内部/外部键"效果抠取出图像素材中的绿色植物，然后利用位置属性制作绿色植物依次出现的动画，再调整视频素材的时长、播放速度等，最后添加宣传植物力量的相关文本，制作出《微绿》短片。本练习的参考效果如图6-37所示。

┌─ 效果预览 ─┐

留下一点绿色　　　　收获一片绿意　　　　感受生命的力量与爱的希望

图6-37 《微绿》短片参考效果

素材位置： 素材\项目6\《微绿》字幕.txt、《微绿》素材
效果位置： 效果\项目6\《微绿》短片.aep、《微绿》短片.avi

任务6.2　替换花海视频中的天空

　　米拉在制作《致敬航天人》短片的过程中，对抠像技术产生了一定的兴趣，于是老洪将花海视频交给她处理，需要她替换花海视频中的天空，接着她便兴致勃勃地开始分析该使用哪种抠像效果来操作。

 任务描述

任务背景	某花海基地拍摄了一段向日葵的视频，准备将其用于基地宣传片的制作中，但由于拍摄时天色阴沉，视频画面效果不佳，因此需要在制作宣传片之前替换视频中的天空，并调整画面的色调

任务目标	① 抠取出视频素材中的天空，然后替换为色彩更加明亮的天空，使视频画面更加美观
	② 为使两段视频的画面色调和谐统一，可利用颜色校正类效果对画面进行调色处理
	③ 为模拟真实的播放效果，可将视频放在抠取后的计算机屏幕中展示
知识要点	"颜色差值键"效果、"线性颜色键"效果、"色阶"效果

本任务制作前后的对比效果如图6-38所示。

效 果 预 览

图6-38　替换花海视频中的天空前后对比效果

素材位置： 素材\项目6\花海.mp4、云朵.mp4、计算机屏幕.jpg

效果位置： 效果\项目6\替换花海视频中的天空.aep、替换花海视频中的天空.avi

知识准备

由于AE提供的用于抠像的效果较多，米拉不知道如何抉择，便向老洪求助。老洪建议她先熟悉多种抠像效果的相关知识，然后再选择较为合适的方法。

1. "颜色差值键"效果

"颜色差值键"效果可以将视频画面分为"A""B"两个遮罩（其中"B遮罩"使透明度基于指定的主色，而"A遮罩"使透明度基于主色之外的区域），将这两个遮罩合并后生成第3个遮罩（称为"Alpha遮罩"，即"α遮罩"），可使画面中的部分区域变为透明的。图6-39所示为"颜色差值键"效果对应的参数。

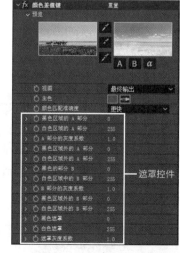

图6-39　"颜色差值键"效果

- **预览：** 用于显示两个缩览图。左侧缩览图为源图像，右侧缩览图可通过单击下方的 A B α 按钮来选择显示"A""B""α"其中的一种遮罩。两个缩览图中间有3个吸管工具，其中第1个吸管工具 ✔ 用于吸取画面中的颜色作为主色；第2个吸管工具 ✔ 用于在遮罩视图内黑色区域中最亮的位置单击指定透明区域，调整最终输出的透明度值；第3个吸管工具 ![icon] 用于在已遮罩的视图内白色区域中最暗的位置单击指定不透明区域，调整最终输出的不透明度值。图6-40所示为使用第2个吸管工具 ![icon] 在天空区域单击的前后对比效果，上方区域的黑色加深，使该区域在最终效果中更加透明。

图6-40 使用第2个吸管工具单击天空的前后对比效果

- **视图：**用于设置在"合成"面板中的预览方式。选择"未校正"选项可查看不含调整的遮罩；选择"已校正"选项可查看包含所有调整的遮罩；选择"已校正[A，B，遮罩]，最终"选项，可同时显示多个视图，如图6-41所示，便于查看区别；选择"最终输出"选项可查看最终的抠取效果。

图6-41 选择"已校正[A，B，遮罩]，最终"选项效果

- **主色：**用于设置抠取的主色。
- **颜色匹配准确度：**用于选择颜色匹配的精度。选择"更快"选项会减少渲染时间，但精确度一般；选择"更准确"选项会增加渲染时间，但可以输出更好的抠像结果。
- **遮罩控件：**其中的各类参数中，"黑色"相关的参数用于调整每个遮罩的透明度程度，"白色"相关的参数用于调整每个遮罩的不透明度程度，"灰度系数"相关的参数用于控制透明度值遵循线性增长的严密程度。

2. "线性颜色键"效果

"线性颜色键"效果可将视频画面中的每个像素与指定的主色进行比较，如果像素的颜色与主色相似，则此像素将变为完全透明，部分相似的像素将变为半透明，完全不相似的像素保持不透明。图6-42所示为"线性颜色键"效果对应的参数。

图6-42 "线性颜色键"效果

- **预览：**用于显示两个缩览图。左侧的缩览图为源图像，右侧的缩览图为在"视图"下拉列表框中选择的视图选

项图像。两个缩览图中间有3个吸管工具，其中　用于吸取画面中的颜色作为主色；　用于将其他颜色添加到主色范围中，可增加透明度的匹配容差；　用于从主色范围中减去其他颜色，可减少透明度的匹配容差。

● **视图：** 用于设置在"合成"面板中的预览方式。

● **主色：** 用于设置抠取的主色。图6-43所示为吸取视频画面中草地颜色的前后对比效果，与主色相似的区域变为透明。

图6-43　吸取视频画面中草地颜色的前后对比效果

● **匹配颜色：** 用于选择匹配主色的色彩空间，可选择"RGB""色相""色度"选项。

● **匹配容差：** 用于设置图像中像素与主色的匹配程度。该数值为0时，可使整个图像变为不透明；该数值为100时，可使整个图像变得透明。

● **匹配柔和度：** 用于设置图像中像素与主色匹配时的柔化程度，通常设置在20%以内。

● **主要操作：** 用于保持应用该效果的抠像结果，同时恢复某些颜色。具体操作方法为：再次应用该效果，并在"效果控件"面板中将其移至第一次应用的效果的下方，然后在"主要操作"下拉列表中选择"保持颜色"选项。

如何根据抠像需求来选择合适的抠像效果？

疑难解析

"Keylight"效果常用于精确地抠取绿幕或蓝幕背景中的对象，"内部/外部键"效果常用于抠取毛发、羽毛等边缘不清晰的对象，"颜色差值键"效果常用于抠取包含透明或半透明区域的对象，"线性颜色键"效果常用于抠取与背景颜色相似的对象。

任务实施

1. 抠取并替换视频中的背景

为了避免抠取后的花海边缘生硬、不真实，米拉准备使用"颜色差值键"效果，使抠取对象的边缘产生半透明效果，具体操作如下。

微课视频

抠取并替换视频中的背景

（1）导入"花海.mp4""云朵.mp4"素材，将"花海.mp4"素材拖曳至"时间轴"面板，选择【效果】/【抠像】/【颜色差值键】命令，打开"效果控件"面板，选择主色参数右侧的吸管工具　，在天空中的蓝色区域处单击进行取样，取样前后视频画面的对比效果如图6-44所示。

（2）在"效果控件"面板中设置视图为"已校正遮罩"，其中黑色区域代表遮罩部分，可发现天空区域并未完全遮罩，因此需要进行调整。选择图像缩略图之间的第2个吸管工具　，在天空上方单击进行取样，然后再重复一次该操作，再次进行取样，以增加黑色的深度，调整遮罩的前后对比效果如图6-45所示。

图6-44　取样前后视频画面的前后对比效果

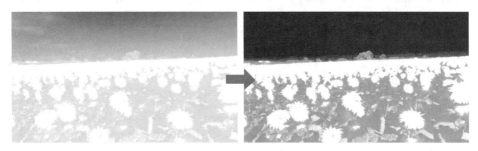

图6-45　调整遮罩的前后对比效果

（3）由于下方的花海中也有部分区域被遮罩，因此选择图像缩略图之间的第3个吸管工具 ，在花海中的黑色区域中单击进行取样，以减小黑色的深度，效果如图6-46所示。

（4）在"效果控件"面板中设置视图为"最终输出"，可发现花海视频中的天空已被抠取，如图6-47所示。

图6-46　调整花海处的遮罩

图6-47　抠取天空的效果

（5）拖曳"云朵.mp4"素材至"时间轴"面板底层，替换视频背景的效果如图6-48所示。

图6-48　替换视频背景的效果

（6）选择"花海.mp4"图层，选择【效果】/【颜色校正】/【色阶】命令，在"效果控件"面板中设置图6-49所示的参数，效果如图6-50所示。

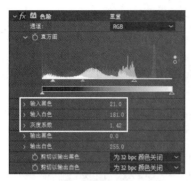

图6-49 设置"色阶"参数

图6-50 "花海"的调色效果

2. 模拟计算机屏幕播放效果

微课视频

模拟计算机屏幕
播放效果

为了模拟计算机屏幕播放效果，米拉决定通过使用"线性颜色键"效果抠取画面中的绿色区域，然后将向日葵花海视频放置在计算机屏幕中的形式来实现，具体操作如下。

（1）新建名称为"计算机屏幕"、尺寸为1920像素×1080像素、持续时间为"0:00:10:00"的合成，导入"计算机屏幕.jpg"素材并将其拖曳至该合成中，然后适当放大该素材。

（2）选择"计算机屏幕.jpg"图层，选择【效果】/【抠像】/【线性颜色键】命令，在"效果控件"面板中选择主色参数右侧的吸管工具█，然后单击视频画面中的绿色区域进行取样，取样前后的视频画面对比效果如图6-51所示。

图6-51 取样前后的视频画面对比效果

（3）此时屏幕边缘的绿色还未彻底抠取干净，因此在"效果控件"面板中设置容差为"17.0%"，扩大绿色的抠取范围。

（4）拖曳"花海"合成至"时间轴"面板底层，并适当缩小使其与计算机屏幕大小相似，最终效果如图6-52所示。按【Ctrl+S】组合键保存文件，并将文件命名为"替换花海视频中的天空"，最后输出AVI格式的视频。

图6-52 最终效果

其他抠像效果

知识补充

除了本项目介绍的4种抠像效果外，选择【效果】/【抠像】命令，在弹出的快捷菜单中还有"差值遮罩""提取""颜色范围"等其他抠像效果，读者可扫描右侧的二维码查看详细内容。

知识补充

其他抠像效果

替换城市视频中的天空

课堂练习

导入提供的素材，先使用抠像效果抠取出城市视频中的天空，替换新的背景，然后还需要对替换后的视频进行调色处理，最后再将视频合成到计算机屏幕中，模拟播放效果。本练习制作的前后对比效果如图6-53所示。

效果预览

图6-53 替换城市视频中的天空的前后对比效果

素材位置： 素材\项目6\城市.mp4、天空.mp4、电脑.mp4

效果位置： 效果\项目6\替换城市视频中的天空.aep、替换城市视频中的天空.avi

综合实战 制作果蔬店铺视频广告

顺利完成多个抠像任务后，米拉应用抠像技术的熟练程度有了大幅度的提升，于是在查看了新任务——制作果蔬店铺视频广告的任务资料后，便胸有成竹地投入该视频广告的制作中。

实战描述

实战背景	视频广告是指以数字视频为主要表现形式的新媒体广告业务，具有传播面广、传播速度快、成本不高等特点。术果果蔬店铺以售卖新鲜水果和蔬菜为经营业务，为提升营业额，准备制作一则视频广告投放到各大平台中，以扩大宣传力度，让更多消费者能够看到店铺信息并在该店购买果蔬
实战目标	①制作尺寸为1920像素×1080像素、时长为6秒的广告
	②使用抠像效果抠取出果蔬主体，作为视频广告的装饰元素
	③结合蒙版和图层属性为图像和文本制作展示动画
	④将视频画面放在抠取后的手机图像中，模拟手机播放效果
知识要点	"内部/外部键"效果、"线性颜色键"效果、"Keylight"效果、蒙版路径、关键帧动画

本实战的参考效果如图6-54所示。

图6-54 果蔬店铺视频广告参考效果

效果预览

素材位置： 素材\项目6\白色手机.jpg、果蔬店铺.mp3、果蔬素材
效果位置： 效果\项目6\果蔬店铺视频广告.aep、果蔬店铺视频广告.avi

思路及步骤

设计师需要根据素材的特点选择相应的抠像效果，如"果蔬1"素材中主体物与背景的边界较为清晰，可采用"内部/外部键"效果；"果蔬2"素材中除主体物外均为白色，可采用"线性颜色键"效果。然后结合蒙版、关键帧等为视频画面中的文本、形状等制作展示动画，最后再模拟手机播放效果。本例的制作思路如图6-55所示，参考步骤如下。

①抠取果蔬素材

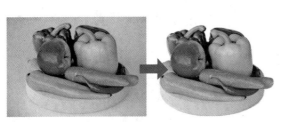

②布局视频画面并制作动画

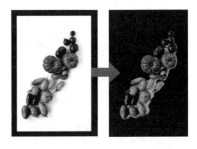

③模拟手机播放效果

图6-55 制作果蔬店铺视频广告的思路

（1）新建符合要求的合成，导入所有素材，使用不同的抠像效果抠取出果蔬素材中的主体物。

（2）添加"背景"素材，绘制白色矩形并修改不透明度，然后输入不同的文本信息并添加"投影"图层样式。

（3）分别为视频画面中的矩形、文本及果蔬制作展示动画。

（4）抠取出手机素材中的绿色区域，然后将制作好的视频放在手机屏幕中，并创建一个黑色的纯色图层，模拟手机播放效果。

（5）添加背景音乐，保存并命名文件，并输出AVI格式的视频。

 课后练习 制作农产品店铺视频广告

欣欣店铺是一家以售卖农产品为主的网店，通过新型农业种植基地培育各类优质农产品，现需制作一则视频广告，以投放到网店中展示，尺寸要求为1920像素 × 1080像素。设计师需要先抠取出视频的黑色区域，将其作为片头引出后面的视频内容，然后适当剪辑视频素材并添加"科学种植"相关的字幕和店铺名称文本，再使用抠像效果抠取出农产品素材，输入农产品的名称和特点文本并制作渐显动画，最后模拟手机播放视频的效果，参考效果如图6-56所示。

┌─ 效 果 预 览 ─┐

137

图6-56　农产品店铺视频广告参考效果

素材位置：素材\项目6\黑色手机.jpg、农产品素材

效果位置：效果\项目6\农产品店铺视频广告.aep、农产品店铺视频广告.avi

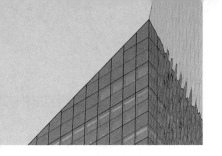

项目7
运用特殊效果

米拉和同事分享她在周末观看的科幻电影，不禁感叹电影中各种炫酷的特殊效果。老洪听到后便对米拉说："在视频编辑中，可以运用AE提供的各种特殊效果制作出具有创意的画面，增强视频的视觉效果，使视频的表现力更加丰富。既然你对特殊效果如此感兴趣，正好这里有几个任务需要制作特殊效果，那就交给你来完成吧！"米拉听到后跃跃欲试，便开始仔细研究视频特殊效果的制作方法。

知识目标	● 熟悉不同特殊效果的作用 ● 掌握不同特殊效果的使用方法
素养目标	● 学无止境，培养好学精神，通过主动学习和实践来提升自我 ● 善于思考，举一反三，能灵活运用所学知识

任务7.1　制作企业宣传片

老洪先将制作企业宣传片的相关资料发送给米拉，要求她按照客户的需求设计视频画面中的相关元素，以及不同画面之间的切换方式。

 任务描述

任务背景	拾之趣文化有限公司为提升企业形象和知名度，准备制作一个企业宣传片，需要在其中介绍企业的名称、主营内容及优势，彰显出企业的实力
任务目标	① 制作一个尺寸为1920像素×1080像素、时长为22秒的宣传片
	② 在不同的视频画面之间应用特殊效果制作转场
	③ 使用特殊效果为片头、片尾的文本及文本背景制作动画，让宣传片更具吸引力
	④ 为中间的视频画面添加描述文本，并为文本及其背景设计样式、制作动画，以更好地展示企业的相关信息
知识要点	"百叶窗"效果、"动态拼贴"效果、"渐变擦除"效果、"线性擦除"效果、"高斯模糊"效果、"毛边"效果、"彩色浮雕"效果、"画笔描边"效果、"块溶解"效果

本任务的参考效果如图7-1所示。

图7-1　企业宣传片参考效果

	素材位置： 素材\项目7\企业宣传片素材
	效果位置： 效果\项目7\企业宣传片.aep、企业宣传片.avi

知识准备

由于AE "效果"菜单项中包含的效果种类较多，米拉一时不知道该从何入手，便向老洪请教。老洪在了解了米拉对宣传片内容的构思后，建议她先熟悉过渡、模糊和锐化、风格化、时间和音频效果组的作用，再从中挑选合适的效果进行应用。

1. 过渡效果组

一个视频通常是由多个场景或片段拼接而成的，而场景与场景之间的切换就叫作过渡。在AE中，

可以让应用过渡效果的图层以各种形态逐渐消失，直至完全显示出下方图层，使得画面之间的切换更为流畅自然。过渡效果组中的效果有以下17种。

- **渐变擦除：** 该效果可以根据某个图层中像素的明亮度来决定消失顺序，通常从明亮度最低的黑色像素开始消失。
- **卡片擦除：** 该效果可以使图层生成一组卡片，然后以翻转的形式显示每张卡片的背面，如图7-2所示。

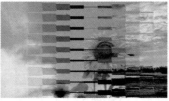

图7-2 "卡片擦除"效果

- **CC Glass Wipe（CC玻璃擦除）：** 该效果可以模拟玻璃的材质擦除图层。
- **CC Grid Wipe（CC网格擦除）：** 该效果可以图层中的某个点为中心，划分成多个方格进行擦除。
- **CC Image Wipe（CC图像擦除）：** 该效果可以选择图层的某个属性（如RGB通道、亮度通道等）进行擦除。
- **CC Jaws（CC锯齿）：** 该效果可以钉鞋、机器锯齿、块和波浪的形状擦除图层。图7-3所示为使用波浪形状擦除图层的效果。

图7-3 使用波浪形状擦除图层的效果

- **CC Light Wipe（CC照明式擦除）：** 该效果可以照明的形式擦除图层，可选择门形、圆形和方形3种形状。
- **CC Line Sweep（CC光线扫描）：** 该效果可以光线扫描的形式擦除图层。
- **CC Radial ScaleWipe（CC径向缩放擦除）：** 该效果可以某个点径向扭曲图层并进行擦除。
- **CC Scale Wipe（CC缩放擦除）：** 该效果可以通过指定中心点拉伸擦除图层。
- **CC Twister（CC龙卷风）：** 该效果可对图层进行龙卷风样式的扭曲变形，从而实现过渡效果。
- **CC WarpoMatic（CC自动弯曲）：** 该效果可以使图层中的元素弯曲变形，并逐渐消失，从而实现过渡效果。
- **光圈擦除：** 该效果可以使图层以指定的某个点进行径向过渡。
- **块溶解：** 该效果可以使图层消失在随机生成的块中。
- **百叶窗：** 该效果可以使图层生成多个矩形条后逐渐变窄消失。
- **径向擦除：** 该效果可以环绕指定的某个点进行擦除。

- **线性擦除：** 该效果可以按指定的方向对图层执行简单的线性擦除。

如何使用过渡效果来制作转场动画？

疑难解析

在AE提供的所有过渡效果中，除了"光圈擦除"效果外，其他过渡效果都具有过渡完成参数。当该参数为"100%"时，应用该效果的图层中的像素将变为完全透明，其下层图层中的像素将完全显示，因此通常会在一定的时间内为该参数创建关键帧来制作转场动画。而对于"光圈擦除"效果来说，通常通过修改外径属性来制作转场动画。

2. 模糊和锐化效果组

模糊和锐化效果组可以用来模糊或锐化视频画面，其中，模糊是指降低周围像素的对比度，而锐化则是指提高周围像素的对比度。模糊和锐化效果组中的效果有以下16种。

- **复合模糊：** 该效果可根据某个图层（称为模糊图层）的亮度使应用该效果的图层（称为效果图层）中的像素变模糊。默认情况下，模糊图层中明亮的值相当于增强效果图层的模糊度，而黑暗的值相当于减弱效果图层的模糊度。图7-4所示为原视频画面，图7-5所示为应用"复合模糊"效果后的视频画面。
- **锐化：** 该效果可通过强化像素之间的差异来锐化视频画面，如图7-6所示。
- **通道模糊：** 该效果可以分别为红色、绿色、蓝色和Alpha通道应用不同程度的模糊。
- **CC Cross Blur（CC交叉模糊）：** 该效果可以在水平和垂直方向上对视频画面进行模糊处理。
- **CC Radial Blur（CC径向模糊）：** 该效果可以缩放或旋转模糊视频画面，如图7-7所示。

图7-4 原视频画面　　图7-5 复合模糊　　图7-6 锐化　　图7-7 CC Radial Blur

- **CC Radial Fast Blur（CC径向快速模糊）：** 该效果可以快速对视频画面进行径向模糊。
- **CC Vector Blur（CC矢量模糊）：** 该效果可以基于不同的属性进行方向模糊，让视频画面变得更加抽象。
- **摄像机镜头模糊：** 该效果可以使用摄像机光圈形状模糊视频画面，以模拟摄像机镜头的模糊效果。
- **摄像机抖动去模糊：** 该效果可以减少摄像机抖动导致的动态模糊伪影。
- **智能模糊：** 该效果可以模糊保留边缘的视频画面，在模糊时会根据阈值寻找高低对比度线，然后模糊线内区域。
- **双向模糊：** 该效果可选择性地使视频画面变模糊，从而保留边缘和其他细节。与低对比度区域相比，高对比度区域变模糊的程度较低。
- **定向模糊：** 该效果可以使视频画面变模糊的同时保留其中的线条和边缘。
- **径向模糊：** 该效果可以任意点为中心，模糊处理周围的像素，从而模拟推拉或旋转摄像机的效果。

- **快速方框模糊：** 该效果可以将重复的方框模糊应用到视频画面中。
- **钝化蒙版：** 该效果可以通过调整边缘细节的对比度，增强视频画面的锐度。
- **高斯模糊：** 该效果可以使视频画面变模糊，柔化画面并消除杂色。

3. 风格化效果组

风格化效果组可以为视频画面制作特殊效果，使其具有某种特定的风格。风格化效果组中的效果有以下25种。

- **阈值：** 该效果可以将所有比指定阈值浅的像素转换为白色，将所有比指定阈值深的像素转换为黑色，从而得到高对比度的黑白视频画面，如图7-8所示。
- **画笔描边：** 该效果可以使视频画面变为画笔绘制的效果，常用于制作油画效果。
- **卡通：** 该效果可以简化和平滑视频画面中的阴影和颜色，并将描边添加到视频画面中各个元素轮廓之间的边缘上，以模拟卡通绘画效果。
- **散布：** 该效果可以在视频画面中散布像素，从而创建模糊的外观，图7-9所示为在水平方向上散布像素的效果。
- **CC Block Load（CC块状载入）：** 该效果可以用线扫描的方式块状化视频画面，以模拟渐进式加载。
- **CC Burn Film（CC胶片灼烧）：** 该效果可以模拟胶片被灼烧的效果。
- **CC Glass（CC玻璃）：** 该效果可以使视频画面产生玻璃、金属等质感，如图7-10所示。
- **CC HexTile（CC六边形拼贴）：** 该效果可以生成多个六边形的砖块，模拟蜂巢样式。
- **CC Kaleida（CC万花筒）：** 该效果可以模拟万花筒的效果。
- **CC Mr.Smoothie（CC像素溶解）：** 该效果可以产生像素溶解运动，即流动效果，如图7-11所示。

图7-8　阈值　　　　　图7-9　散布　　　　　图7-10　CC Glass　　　图7-11　CC Mr.Smoothie

- **CC Plastic（CC塑料）：** 该效果可以使视频画面产生塑料质感。
- **CC RepeTile（CC重复拼贴）：** 该效果可以在视频画面的上下左右区域重复扩展多重叠印效果。
- **CC Threshold（CC阈值）：** 该效果与"阈值"效果类似，较后者多3个参数。
- **CC Threshold RGB（CC RGB阈值）：** 该效果可以分离红、绿、蓝3个通道的阈值。
- **CC Vignette（CC暗角）：** 该效果可以为视频画面制作暗角效果，如图7-12所示。
- **彩色浮雕：** 该效果可以指定的角度强化视频画面边缘，从而模拟纹理，如图7-13所示。
- **马赛克：** 该效果使用纯色的矩形填充图层，使原始的视频画面像素化，可用于模拟低分辨率显示效果，或遮蔽部分对象，如图7-14所示。
- **浮雕：** 该效果可以锐化视频画面中的对象的边缘，并抑制颜色，模拟出类似浮雕的凹凸起伏效果。

- **色调分离：** 该效果可以修改视频画面中每个通道的色调级别或亮度值，减少颜色数量，使颜色的色调分离，且渐变颜色过渡会替换为突变颜色过渡。
- **动态拼贴：** 该效果可以缩小并拼贴视频画面，以模拟地砖拼贴效果，还可以设置动画效果。
- **发光：** 该效果可以找到视频画面中较亮的部分，使该部分的像素及其周围的像素变亮，从而产生发光的效果。
- **查找边缘：** 该效果可以通过计算得到视频画面中对比较强的边缘部分，然后通过强调边缘来模拟手绘线条的效果，如图7-15所示。

图7-12　CC Vignette　　　　图7-13　彩色浮雕　　　　图7-14　马赛克　　　　图7-15　查找边缘

- **毛边：** 该效果可以使Alpha通道的边缘变粗糙，并为其添加各种边缘效果，还可以通过增加颜色来模拟铁锈和其他类型的腐蚀效果。
- **纹理化：** 该效果可以将其他图层的纹理添加到当前所选图层的视频画面中。
- **闪光灯：** 该效果可以使视频画面周期性或随机地产生颜色或透明度方面的变化，从而模拟闪光灯的效果。

4. 时间效果组

时间效果组可以控制素材的时间特性，并以当前素材的时间为基准进行下一步的编辑和更改。时间效果组中的效果有以下8种。

- **CC Force Motion Blur（CC强制运动模糊）：** 该效果可以通过混合当前图层的中间帧产生运动模糊的效果。
- **CC Wide Time（CC宽泛时间效果）：** 该效果可以设置当前图层中视频画面前后方的重复数量，从而产生重复效果。
- **色调分离时间：** 该效果可以在当前图层上应用特定帧速率。
- **像素运动模糊：** 该效果可以基于像素运动为当前图层引入运动模糊。
- **时差：** 该效果可以计算当前图层和任意一个图层在不同时间的像素差值。
- **时间扭曲：** 该效果可以更改当前图层的回放速度，重新定时为慢运动、快运动，以及添加运动模糊。
- **时间置换：** 该效果可以使用其他时间的图层置换当前时间的图层像素，通过使像素跨时间偏移来扭曲视频画面。
- **残影：** 该效果可以混合当前图层不同时间的帧，制作视觉拖尾及旋涡条纹等效果。

5. 音频效果组

音频效果组可以处理音频类的素材，以制作出不同的音效。音频效果组中的效果有以下10种。

- **调制器：** 该效果可以通过改变（调制）频率和振幅产生颤音和震音效果。
- **倒放：** 该效果可以颠倒图层的音频（即从最后一帧开始播放音频，到第一帧结束）。

- **低音和高音：** 该效果可以增加或减少音频中的低频或高频，从而增强或减弱低音或高音。
- **参数均衡：** 该效果可以增加或减少特定的频率范围，比如增加低频范围以增强低音，或者减少某段频率的范围以减弱此声音。
- **变调与合声：** 该效果可以通过混合原始音频和副本音频生成变调效果。
- **延迟：** 该效果可以在指定时间后重复音频，用于模拟从某表面（如墙壁）回传的音效。
- **混响：** 该效果可以产生从某表面随机反射的声音，从而模拟开阔的室内效果或真实的室内效果。
- **立体声混合器：** 该效果可以混合音频的左右通道，并将完整的信号从一个通道平移到另一个通道。
- **音调：** 该效果通过合成简单音频来创建音效，如潜水艇低沉的隆隆声、背景电话铃声、汽笛或激光波的声音。
- **高通/低通：** 该效果中的"高通"滤镜可用于减少低频噪声，如交通噪声；"低通"滤镜可用于减少高频噪声，如蜂鸣音。

🛠 任务实施

1. 应用过渡效果和风格化效果

微课视频

应用过渡效果和风格化效果

米拉将整个宣传片分为企业介绍片头、优势介绍和片尾结束语3个部分，准备先使用过渡效果将宣传片的主要内容串联起来。其中优势介绍部分包含3个画面，因此她决定在这3个画面之间采用相同的过渡效果，具体操作如下。

（1）新建名称为"企业宣传片"、尺寸为"1920像素×1080像素"、持续时间为"0:00:22:00"的合成，导入所有素材，然后依次拖曳"封面.jpg""工作氛围.mp4"素材至"时间轴"面板中，并适当缩小"封面.jpg"图层的画面。

（2）将时间指示器移至0:00:05:00处，并调整"工作氛围.mp4"图层的入点为该时间点。选择【效果】/【过渡】/【百叶窗】命令，打开"效果控件"面板，设置过渡完成为"30%"，查看视频画面效果，如图7-16所示。

（3）此时可发现画面中的矩形过窄，导致画面中的矩形数量过多、排布密集，不太美观，因此在"效果控件"面板中设置宽度为"80"，如图7-17所示。

图7-16　设置过渡完成属性

图7-17　修改矩形的宽度

（4）设置过渡完成为"100%"，然后为该属性开启关键帧，再将时间指示器移至0:00:05:13处，修改过渡完成为"0%"，"工作氛围.mp4"的过渡效果如图7-18所示。

（5）为便于观察其他效果，先在"效果控件"面板中单击"百叶窗"效果左侧的 *fx* 图标，取消应用该效果。将时间指示器移至0:00:05:00处，选择【效果】/【风格化】/【动态拼贴】命令，在"效果控件"面板中调整拼贴宽度和拼贴高度，然后为该属性开启关键帧，使视频画面呈现出拼贴效果，再将时间指示器移至0:00:07:00处，修改拼贴宽度和拼贴高度均为"100.0"。如图7-19所示。

图7-18 "工作氛围"视频的"百叶窗"过渡效果

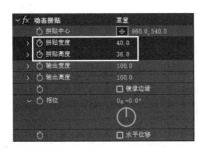 

图7-19 调整拼贴宽度和拼贴高度

（6）再次单击"百叶窗"效果左侧的 *fx* 图标，以重新应用该效果，然后预览"工作氛围"视频效果，如图7-20所示。

图7-20 预览"工作氛围"视频效果

（7）拖曳"办公环境.mp4"素材至"时间轴"面板顶层，并设置该图层的入点为"0:00:09:00"。选择"工作氛围.mp4"图层，按【U】键显示所有关键帧，按【Ctrl+C】组合键复制，然后选择"办公环境.mp4"图层，将时间指示器移至0:00:09:00处，再按【Ctrl+V】组合键粘贴，为其应用相同的过渡和风格化效果。

（8）拖曳"休息.jpg"素材至"时间轴"面板顶层，将时间指示器移至0:00:13:00处，使用与步骤（7）相同的方法粘贴关键帧，"办公环境.mp4"和"休息.jpg"视频效果如图7-21所示。

图7-21 "办公环境.mp4"和"休息.jpg"视频效果

（9）选择"封面.jpg"图层，按【Ctrl+D】组合键复制图层，将其移至"时间轴"面板顶层，并修改图层名称为"片尾背景"。

（10）保持选中"片尾背景"图层的状态，选择【效果】/【过渡】/【渐变擦除】命令，分别在
0:00:17:00和0:00:18:00处添加过渡完成属性为"100%"和"0%"的关键帧，"片尾背景"
效果如图7-22所示。

图7-22 "片尾背景"效果

（11）将时间指示器移至0:00:00:00处，使用矩形工具█绘制一个白色矩形作为文本背景，并设置不
透明度为"70%"，如图7-23所示，然后将该图层移至"封面.jpg"图层上方。在"片尾背
景"图层上方绘制一个相同不透明度的白色矩形，如图7-24所示。

图7-23 在片头绘制文本背景　　　　　　　　　　　　图7-24 在片尾绘制文本背景

（12）选择"形状图层 1"图层，选择【效果】/【过渡】/【线性擦除】命令，在"效果控件"
面板中设置擦除角度为"0x+0.0°"，然后分别在0:00:00:00和0:00:01:00处添加过渡
完成属性为"100%"和"0%"的关键帧，使矩形从上至下逐渐显示，效果如图7-25
所示。

（13）使用与步骤（12）相同的方法为"形状图层 2"图层应用"线性擦除"效果，并设置擦除角度
为"0x-90.0°"，然后分别在0:00:18:00和0:00:19:00处添加过渡完成属性为"100%"和
"0%"的关键帧，使矩形从左至右逐渐显示。

图7-25 片头文本背景的展示效果

2. 输入文本并应用模糊效果

米拉需要在片头和片尾的矩形中输入相应的文本内容，并利用不透明度和模糊
效果为文本制作渐显动画，具体操作如下。

（1）将时间指示器移至0:00:01:00处，选择横排文字工具█，在"字符"面板中设
置图7-26所示的参数，其中文本颜色为"#2D88B2"，然后在白色矩形的上
方区域输入"拾之趣文化有限公司"文本，并使其与视频画面居中对齐。

微课视频

输入文本并应用
模糊效果

（2）在"字符"面板中修改字体大小和字符间距分别为"60像素""100"，然后使用横排文字工具 T 在白色矩形的下方区域绘制一个文本框，并输入图7-27所示的文本。

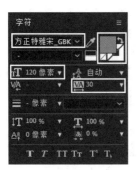

图7-26　设置文本格式

图7-27　输入段落文本

（3）选择两个文本图层，按【T】键显示不透明度，分别在0:00:01:00和0:00:02:00处添加不透明度为"0%"和"100%"关键帧。

（4）选择段落文本，将时间指示器移至0:00:02:00处，选择【效果】/【模糊和锐化】/【高斯模糊】命令，在"效果控件"面板中设置模糊度为"80"，然后开启关键帧。将时间指示器移至0:00:03:00处，修改模糊度为"0"，片头文本效果如图7-28所示。

图7-28　片头文本效果

（5）使用与公司名称文本相同的格式，在片尾的矩形中输入"欢迎你的加入！"文本，然后复制公司名称文本所在图层的关键帧，再将时间指示器移至0:00:19:00处，将关键帧粘贴到片尾文本图层中，片尾文本效果如图7-29所示。

图7-29　片尾文本效果

3. 为描述文本及其背景制作展示动画

宣传片中的部分片段需要添加描述文本，因此米拉决定结合多种风格化效果，为文本及其背景设计具有创意的样式，再使用过渡效果制作展示动画，具体操作如下。

（1）将时间指示器移至0:00:07:00处，使用矩形工具 ▭ 在视频画面的左下角绘制一个填充颜色为"#2D88B2"的矩形，将其移至"工作氛围.mp4"图层上方，并将该图层命名为"文本背景"。

微课视频

为描述文本及其
背景制作展示动画

（2）选择【效果】/【风格化】/【毛边】命令，在"效果控件"面板中设置图7-30所示的参数，矩形的前后对比效果如图7-31所示。

图7-30　设置"毛边"参数

图7-31　矩形的前后对比效果

（3）选择【效果】/【风格化】/【彩色浮雕】命令，在"效果控件"面板中设置图7-32所示的参数，矩形效果如图7-33所示。

图7-32　设置"彩色浮雕"参数

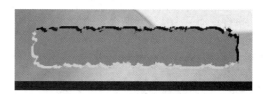

图7-33　应用"彩色浮雕"的效果

（4）选择横排文字工具 T，设置字体、字体大小和字符间距分别为"方正特雅宋_GBK""50像素""100"，然后在矩形中输入"和谐的工作氛围"文本，并将该文本图层移至"文本背景"图层上方。

（5）选择【效果】/【风格化】/【画笔描边】命令，在"效果控件"面板中设置图7-34所示的参数，文本效果如图7-35所示。

图7-34　设置"画笔描边"参数

图7-35　文本效果

（6）选择"文本背景"图层，选择【效果】/【过渡】/【块溶解】命令，分别在0:00:06:11和0:00:07:00处添加过渡完成属性为"100%"和"0%"的关键帧。

（7）选择"和谐的工作氛围"文本图层，选择【效果】/【过渡】/【线性擦除】命令，设置擦除角度为"0x-90.0°"，分别在0:00:07:00和0:00:07:13处添加过渡完成属性为"100%"和"0%"的关键帧，描述文本及其背景效果如图7-36所示。

图7-36　描述文本及其背景效果

（8）复制两次文本图层和"文本背景"图层，分别移至"办公环境.mp4""休息.jpg"图层上方，然后分别调整动画的起始关键帧至0:00:10:11和0:00:14:11处，如图7-37所示。再分别修改图层位置及文本内容，效果如图7-38所示。

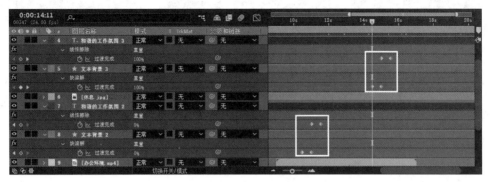

图7-37 复制图层并调整关键帧位置

图7-38 修改文本内容

（9）拖曳"背景音乐.mp3"素材至"时间轴"面板，最终效果如图7-39所示，按【Ctrl+S】组合键保存文件，并将文件命名为"企业宣传片"，最后输出AVI格式的视频。

图7-39 企业宣传片最终效果

课堂练习

制作毕业季宣传片

导入提供的素材，在片头通过模糊效果为文本制作动画，然后利用不同的过渡效果为视频和图像素材制作转场，使画面切换得更加自然。在片尾可使用人物背影的图像作为背景，并应用"画笔描边"效果为其制作画笔绘制的效果，再将其模糊化，最后再结合风格化效果和模糊效果，为片尾的文本设计样式并制作动画，最终完成毕业季宣传片的制作。本练习的参考效果如图7-40所示。

效果预览

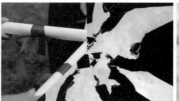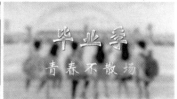

图7-40　毕业季宣传片参考效果

素材位置： 素材\项目7\毕业季素材

效果位置： 效果\项目7\毕业季宣传片.aep、毕业季宣传片.avi

任务7.2　制作火焰特效

由于公司承接的任务较多，部门人手不足，所以在米拉完成企业宣传片的制作后，老洪立即给她安排了制作火焰特效的任务。该任务是其他任务的子任务之一，需要米拉制作一个火焰特效，便于后续在对应任务中使用。米拉接收到任务资料后便开始研究火焰的特点，并思考应该使用什么样的效果来制作火焰特效。

任务描述

任务背景	某宣传部门为提高大众的森林防火意识，有效预防森林火灾，保障大众的生命安全，准备开展森林防火宣传教育活动，并制作一则宣传片。宣传片中需要添加火焰特效，以加强视觉震撼力，让大众能够深刻意识到火灾的危害
任务目标	① 制作一个尺寸为1920像素×1080像素、时长为6秒的火焰特效
	② 结合效果和关键帧动画模拟火焰随风流动的效果
	③ 结合多种效果模拟火焰燃烧时的形状
	④ 根据真实火焰的颜色，为火焰的不同区域添加颜色
知识要点	"梯度渐变"效果、"分形杂色"效果、"湍流置换"效果、"色阶"效果、"色调分离"效果、"三色调"效果、"发光"效果、调整图层

本任务的参考效果如图7-41所示。

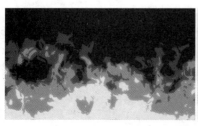

效果预览

图7-41　火焰特效参考效果

效果位置： 效果\项目7\火焰特效.aep、火焰特效.avi

 **知识准备**

由于火焰特效的制作包含很多细节，如火焰的颜色、随机性等，为使制作的火焰特效更加逼真，老洪建议米拉先深入研究AE"效果"菜单中的效果组再进行制作。

1. 杂色和颗粒效果组

杂色和颗粒效果组可以为视频画面添加或移除噪点或颗粒等，该效果组中的效果有以下几种。

- **分形杂色：** 该效果可以创建基于分形的图案，常用于生成各种随机动态效果，如云、烟雾、火焰等，图7-42所示为原视频画面，图7-43所示为应用"分形杂色"效果后的视频画面。
- **中间值/中间值（旧版）：** 这两种效果作用相同，即可以在指定半径内使用中间值替换像素，实现模糊去噪。图7-44所示为应用"中间值"效果后的视频画面。
- **匹配颗粒：** 该效果可以匹配两个视频画面中的杂色颗粒。
- **杂色：** 该效果可以为视频画面添加杂色，如图7-45所示。

图7-42 原视频画面　　　　图7-43 分形杂色　　　　图7-44 中间值　　　　图7-45 杂色

- **杂色Alpha：** 该效果可以将杂色添加到图层的Alpha通道中。
- **杂色HLS/杂色HLS自动：** 这两种效果都可以将杂色添加到图层的HLS通道中，并分别依据色相、亮度和饱和度来添加杂色。其中"杂色HLS"效果可以调整杂色的相位，"杂色HLS自动"效果可以调整杂色的动画速度。
- **湍流杂色：** 该效果可以创建基于湍流的图案，与"分形杂色"效果类似。
- **添加颗粒：** 该效果可以为视频画面添加胶片颗粒效果。
- **移除颗粒：** 该效果可以移除视频画面中的胶片颗粒，常用于去除噪点。
- **蒙尘与划痕：** 该效果可以将指定半径内的不同像素，将其更改为类似的邻近像素，从而减少杂色和瑕疵。

2. 模拟效果组

模拟效果组可以模拟下雪、下雨、气泡和毛发等特殊效果，该效果组中的效果有以下18种。

- **焦散：** 该效果可以结合其他素材，模拟光通过水面折射而形成的焦散效果，以创建出真实的水面效果，图7-46所示为水面波纹素材，图7-47所示为应用"焦散"效果的视频画面。
- **卡片动画：** 该效果可以通过渐变图层使视频画面产生类似于卡片的动画效果，如图7-48所示。
- **CC Ball Action（CC滚珠）：** 该效果可以使视频画面形成球形网格。
- **CC Bubbles（CC气泡）：** 该效果可以基于视频画面生成气泡。

- CC Drizzle（CC细雨）：该效果可以模拟雨滴落在水面产生的涟漪。
- CC Hair（CC毛发）：该效果可以根据视频画面产生毛茸茸的效果。
- CC Mr. Mercury（CC仿水银流动）：该效果可以模拟类似水银流动的效果。
- CC Particle Systems II（CC粒子仿真系统II）：该效果可以产生大量运动的粒子，通过设置粒子的颜色、形状、产生方式等参数可制作出烟花等效果。
- CC Particle World（CC粒子世界）：该效果可以制作出烟花、火焰、雪花等效果，与"CC Particle Systems II"效果类似，不同的是，"CC Particle World"效果支持摄像机切换视角。
- CC Pixel Polly（CC像素多边形）：该效果可以将视频画面分成多个多边形，模拟画面破碎的效果。
- CC Rainfall（CC下雨）：该效果可以模拟有折射和运动模糊的下雨效果。
- CC Scatterize（CC散射）：该效果可以分散及扭曲图层中的像素，将视频画面分散为粒子状，从而模拟吹散的效果。
- CC Snowfall（CC下雪）：该效果可以模拟带深度、光效和运动模糊的下雪效果。
- CC Star Burst（CC星爆）：该效果可以使用图层中的像素颜色和Alpha通道模拟星团的效果。
- 泡沫：该效果可以通过气泡的形态、黏性和流动等模拟泡沫、水珠等效果。
- 波形环境：该效果可以根据液体的物理学特性模拟创建出水波、电波、声波等各种波形效果。
- 碎片：该效果可以让视频画面模拟出爆炸、剥落的效果，如图7-49所示。
- 粒子运动场：该效果可以为大量相似的对象设置动画。

图7-46　水面波纹素材　　　图7-47　焦散　　　　　图7-48　卡片动画　　　　图7-49　碎片

3. 扭曲效果组

扭曲效果组可以对视频画面进行扭曲、旋转等变形操作，以得到特殊的视觉效果，该效果组中的效果有以下37种。

- 球面化：该效果可以将原本平面的视频画面转化为球面效果，如图7-50所示。
- 贝塞尔曲线变形：该效果可以沿图层的边界生成贝赛尔曲线以及12个控制点，拖曳这些控制点可改变曲线的形状，从而扭曲画面，如图7-51所示。
- 漩涡条纹：该效果可以在视频画面内定义区域，然后将该区域移至新位置，并使用它对画面周围部分进行伸缩或使用漩涡条纹，如图7-52所示。
- 改变形状：该效果可以在同一图层上将一个形状转换为另一个形状。
- 放大：该效果可以扩大视频画面的全部或部分区域，具有类似于放大镜的作用。
- 镜像：该效果可以沿线拆分视频画面，并将一侧反射到另一侧。
- CC Bend It（CC弯曲）：该效果可以通过弯曲使一个区域变形。
- CC Bender（CC扭曲）：该效果可以倾斜的方式弯曲图层。
- CC Blobbylize（CC融化）：该效果可以将视频画面包装到选定图层定义的液化表面。

- **CC Flo Motion（CC折叠运动）：** 该效果可以将视频画面中任意两点作为中心点收缩周围像素，使画面产生变形，如图7-53所示。

图7-50　球面化　　　图7-51　贝塞尔曲线变形　　　图7-52　漩涡条纹　　　图7-53　CC Flo Motion

- **CC Griddler（CC网格变形）：** 该效果可以将视频画面分解为拼贴网格，制作出错位的网格效果，如图7-54所示。
- **CC Lens（CC镜头）：** 该效果可以通过镜头变形扭曲图像。
- **CC Page Turn（CC翻页）：** 该效果可以使视频画面产生翻页效果，如图7-55所示。
- **CC Power Pin（CC强力定位）：** 该效果可以通过调整视频画面的边角位置，使画面产生拉伸、倾斜等变形效果。
- **CC Ripple Pulse（CC扩散波纹变形）：** 该效果可以模拟波纹扩散效果。
- **CC Slant（CC倾斜）：** 该效果可以沿水平轴倾斜视频画面。
- **CC Smear（CC涂抹）：** 该效果可以通过控制点使视频画面产生扭曲效果。
- **CC Split（CC分割）：** 该效果可以在视频画面的任意两点之间产生对称的分裂效果，如图7-56所示。
- **CC Split 2（CC分割2）：** 该效果可以在视频画面的任意两点之间产生不对称的分裂效果。
- **CC Tiler（CC电视墙）：** 该效果可以将视频画面缩小并复制多个，产生重复拼贴的画面效果。
- **光学补偿：** 该效果可以引入或移除镜头扭曲效果。
- **湍流置换：** 该效果可以使用不规则的变形置换图层，如图7-57所示。

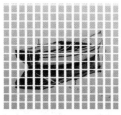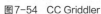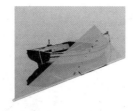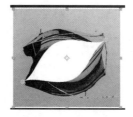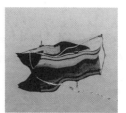

图7-54　CC Griddler　　　图7-55　CC Page Turn　　　图7-56　CC Split　　　图7-57　湍流置换

- **置换图：** 该效果可以基于其他图层的像素值位移像素。
- **偏移：** 该效果可以在视频画面内位移画面，并可以与原始画面混合。
- **网格变形：** 该效果可以在视频画面中添加网格，然后通过直接拖曳网格点变形画面。
- **保留细节放大：** 该效果可以放大视频画面并保留边缘锐化程度，同时还可以对画面进行降噪。
- **凸出：** 该效果可以围绕一个点扭曲视频画面，制作出凸出效果，如球面化、放大等效果。
- **变形：** 该效果可以使视频画面产生扭曲变形效果，如图7-58所示。
- **变换：** 该效果可以使视频画面产生缩放、倾斜、旋转等效果。
- **变形稳定器：** 该效果可以稳定视频素材，无须手动跟踪。

- **旋转扭曲：** 该效果可以通过围绕指定点旋转扭曲视频画面，如图7-59所示。
- **极坐标：** 该效果可以产生由视频画面旋转拉伸所带来的极限效果，如图7-60所示。
- **果冻效应修复：** 该效果可以去除由于摄像机高速运动或快速振动所产生的扭曲效果。
- **波形变形：** 该效果可以通过设置波形的形状、方向及宽度，以波浪形式扭曲视频画面。
- **波纹：** 该效果可以产生从中心点依次向外散开的波纹效果，如图7-61所示。
- **液化：** 该效果可以通过应用液化刷来推拉、旋转、扩大、收缩、扭曲视频画面。
- **边角定位：** 该效果可以改变视频画面4个边角的坐标位置，从而对画面进行拉伸、扭曲等操作。

图7-58 变形　　　　图7-59 旋转扭曲　　　　图7-60 极坐标　　　　图7-61 波纹

4. 生成效果组

生成效果组可以生成镜头光晕、光束、棋盘等效果，该效果组中的效果有以下26种。

- **圆形：** 该效果可以生成一个纯色的实心圆或圆环。
- **分形：** 该效果可以按照一定的数学规律生成分形图像。
- **椭圆：** 该效果可以生成一个自定义内部颜色和外部颜色的椭圆。
- **吸管填充：** 该效果可以使用视频画面样本的颜色对图层进行填色。
- **镜头光晕：** 该效果可以生成镜头光晕，图7-62所示为原视频画面，图7-63所示为应用"镜头光晕"效果后的视频画面。
- **CC Glue Gun（CC胶枪）：** 该效果与关键帧结合可以制作出胶水喷枪的动画效果。
- **CC Light Burst 2.5（CC光线爆发）：** 该效果可以模拟出强光放射效果，也可使视频画面产生光线爆裂的透视效果，如图7-64所示。
- **CC Light Rays（CC光线放射）：** 该效果可以通过图层像素中的不同颜色映射出不同的光线，如图7-65所示。

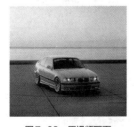   

图7-62 原视频画面　　　图7-63 镜头光晕　　　图7-64 CC Light Burst 2.5　　　图7-65 CC Light Rays

- **CC Light Sweep（CC扫光）：** 该效果可以模拟光束照射在视频画面上的扫光效果。
- **CC Threads（CC编织）：** 该效果可以使视频画面产生交叉线效果。
- **光束：** 该效果可以模拟激光光束效果。
- **填充：** 该效果可以为视频画面填充指定颜色。

- **网格：**该效果可以在视频画面上创建网格。
- **单元格图案：**该效果可以根据画面中的单元格杂色创建单元格图案，如图7-66所示。
- **写入：**该效果可以在视频画面中进行描边操作。
- **勾画：**该效果可以围绕视频画面的等高线和路径产生脉冲动画效果。
- **四色渐变：**该效果可以为视频画面创建4种混合颜色的渐变效果，如图7-67所示。
- **描边：**该效果可以对蒙版轮廓描边。
- **无线电波：**该效果可以使视频画面生成正在扩展的电波形状。
- **梯度渐变：**该效果可以创建两种颜色的渐变，渐变分为线性和径向两种类型。
- **棋盘：**该效果可以在视频画面中创建棋盘图案。其中黑色表示镂空，如图7-68所示。
- **油漆桶：**该效果可以为视频画面中的轮廓填色。
- **涂写：**该效果可以涂写蒙版，常用于模拟手绘的线条。
- **音频波形：**该效果可以显示音频层的波形。
- **音频频谱：**该效果可以显示音频层的频谱（频谱是频率谱密度的简称，用于查看频率的分布曲线）。
- **高级闪电：**该效果可以为视频画面创建闪电效果，如图7-69所示。

图7-66　单元格图案　　　　图7-67　四色渐变　　　　图7-68　棋盘　　　　图7-69　高级闪电

5. 透视效果组

透视效果组可以为视频画面制作出透视效果，也可以为二维素材添加三维效果，该效果组中的效果有以下10种。

- **3D 眼镜：**该效果可以将两个视图（图层）合成为三维立体视图，可用于制作三维电影效果，如图7-70所示。
- **3D 摄像机跟踪器：**该效果可以从视频中提取3D场景数据。
- **CC Cylinder（CC圆柱体）：**该效果可以将视频画面映射到圆柱体上，形成三维立体效果。
- **CC Environment（CC环境）：**该效果可以将环境映射到摄像机视图上。
- **CC Sphere（CC球体）：**该效果可以将视频画面映射到可被光线跟踪的球体上，使视频画面以球体形式展现。
- **CC Spotlight（CC聚光灯）：**该效果可以模拟聚光灯照射在视频画面上的效果，如图7-71所示。
- **径向阴影：**该效果可以使视频画面产生投影效果。
- **投影：**该效果可以根据视频画面的Alpha通道绘制投影。
- **斜面 Alpha：**该效果可以基于图层的Alpha通道产生浮雕的外观效果，如图7-72所示。
- **边缘斜面：**该效果可以使图层的边界产生浮雕的外观效果，如图7-73所示。"斜面 Alpha"效果比该效果产生的边缘更加柔和。

图7-70　3D 眼镜

图7-71　CC Spotlight

图7-72　斜面 Alpha

图7-73　边缘斜面

✖ 任务实施

1. 模拟火焰流动效果

米拉准备结合"梯度渐变""分形杂色"效果，以及关键帧动画来模拟火焰流动效果，具体操作如下。

微课视频

模拟火焰流动效果

（1）新建名称为"火焰特效"、尺寸为"1920像素×1080像素"、持续时间为"0:00:06:00"的合成。

（2）在"时间轴"面板中单击鼠标右键，在弹出的快捷菜单中选择【新建】/【纯色】命令，打开"纯色设置"对话框，设置名称为"渐变"，颜色为"#FFFFFF"，然后单击 确定 按钮，新建白色的纯色图层。

（3）选择"渐变"图层，选择【效果】/【生成】/【梯度渐变】命令，画面中的白色变为从上至下的黑白渐变，如图7-74所示。

（4）在"效果控件"面板中选中"梯度渐变"效果，在"合成"面板中将鼠标指针移至画面上方边界的⊕图标处，然后按住鼠标左键不放并向上拖曳鼠标，以改变渐变的起点，如图7-75所示。

图7-74　应用"梯度渐变"效果

图7-75　改变渐变的起点

（5）向下拖曳画面下方边界的⊕图标，以改变渐变的终点。也可以直接在"效果控件"面板中设置图7-76所示的参数，调整后的渐变效果如图7-77所示。

图7-76　改变渐变的终点

图7-77　调整后的渐变效果

（6）新建一个名称为"流动"、颜色为"#FFFFFF"的纯色图层。选择【效果】/【杂色和颗粒】/【分形杂色】命令，应用后的画面效果如图7-78所示。

（7）在"效果控件"面板中先取消选中"统一缩放"复选框，激活下方的缩放高度属性，然后设置该属性为"200.0"，如图7-79所示，此时画面效果如图7-80所示，使画面在垂直方向上进行拉伸，便于后期模拟火焰的形状。

（8）将时间指示器移至0:00:00:00处，为偏移（湍流）和演化属性添加关键帧，然后将时间指示器移至0:00:05:24处，设置偏移（湍流）为"400.0，-360.0"，演化为"1x+260.0°"，如图7-81所示。

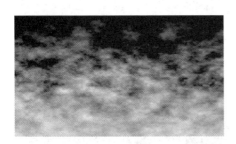

图7-78 应用"分形杂色"的效果

图7-79 调整缩放高度

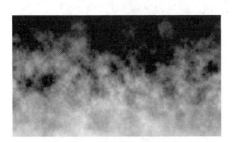

图7-80 在垂直方向上拉伸画面

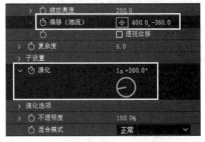

图7-81 设置偏移（湍流）和演化

（9）按【空格】键预览火焰流动效果，如图7-82所示。

图7-82 火焰流动效果

2. 模拟火焰形状

米拉准备利用"湍流置换""色阶"等效果制作出火焰的雏形，再根据火焰的特征调整视频画面中的颜色数量，以模拟火焰的形状，具体操作如下。

微课视频

模拟火焰形状

（1）在"时间轴"面板中单击鼠标右键，在弹出的快捷菜单中选择【新建】/【调整图层】命令，新建一个调整图层。

（2）选择调整图层，选择【效果】/【扭曲】/【湍流置换】命令，在"效果控件"面板中设置图7-83所示的参数，此时画面效果如图7-84所示，使画面中的线条无规则地进行变动。

（3）选择【效果】/【颜色校正】/【色阶】命令，在"效果控件"面板中设置图7-85所示的参数，加强色彩的对比度，此时画面效果如图7-86所示。

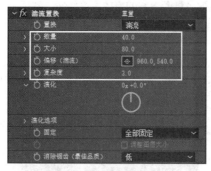

图7-83 设置"湍流置换"参数

图7-84 应用"湍流置换"效果

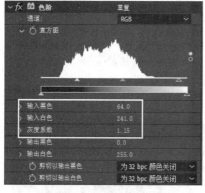

图7-85 设置"色阶"参数

图7-86 加强色彩对比度

（4）选择【效果】/【风格化】/【色调分离】命令，在"效果控件"面板中设置级别为"6"，减少画面中的颜色数量，模拟火焰形状，如图7-87所示。

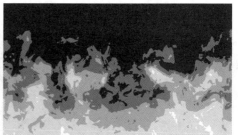

图7-87 模拟火焰形状

3. 调整火焰颜色

此时的火焰颜色不符合现实，为此米拉准备利用"三色调"效果分别调整火焰的3层颜色，再应用"发光"效果使火焰更加逼真，具体操作如下。

（1）选择最顶层的调整图层，选择【效果】/【颜色校正】/【三色调】命令，在"效果控件"面板中分别设置高光、中间调和阴影的颜色为"#EFFB8C、#A54E36、#000000"，如图7-88所示，调整后的火焰颜色如图7-89所示。

微课视频

调整火焰颜色

图7-88　设置"三色调"参数

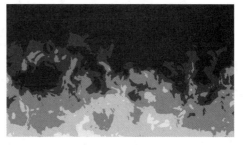

图7-89　调整后的火焰颜色

（2）选择【效果】/【风格化】/【发光】命令，在"效果控件"面板中设置图7-90所示的参数，效果如图7-91所示。

图7-90　设置"发光"参数

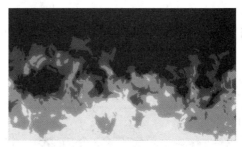

图7-91　应用"发光"效果

（3）火焰特效的最终效果如图7-92所示，按【Ctrl+S】组合键保存文件，并将文件命名为"火焰特效"，最后输出AVI格式的视频。

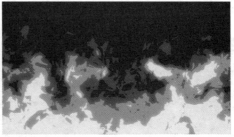

图7-92　火焰特效的最终效果

设计素养

　　对设计师来说，在设计的过程中持续积累知识，并不断练习和实践，是实现自我成长的重要途径。例如，在制作特效时，除了需要学习专业知识，了解多种效果的作用外，还需要观察、收集和整理生活中的各种素材，以提高对色彩、形状、材质等的敏感度和认知能力。设计师只有保持学习状态，不断提高自己的设计素养，才能创造出更具价值和创意的作品，满足客户的需求和期望。

课堂练习

制作流光特效

本练习需要制作立体的流光特效，可使用"分形杂色"效果模拟出光线及其流动效果，然后使用"三色调"效果调整光线的高光、中间调和阴影的色彩，再使用"变形"效果制作立体效果，最后再使用"发光"效果提高光线的亮度。本练习的参考效果如图7-93所示。

效果预览

图7-93　流光特效参考效果

效果位置： 效果\项目7\流光特效.aep、流光特效.avi

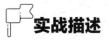 **综合实战　制作霓虹灯故障风片头**

为了巩固米拉制作视频特殊效果的能力，老洪给她安排了一项新的任务——制作霓虹灯故障风片头。米拉在搜集好霓虹灯素材后，便十分认真地分析故障风效果的制作原理，以确保最终完成的作品令人满意。

实战描述

实战背景	故障风是指对电子设备产品发生故障时所产生的不规则画面进行艺术再造，从而形成的一种特有艺术风格，其颜色和画面都是失真破碎、错位变形的，在视觉上具有酷炫的冲击感。科技类节目"走进科技之城"即将上线，因此需要制作一个色调明亮、具有科技感的片头，以吸引观众的注意
实战目标	①制作尺寸为1920像素×1080像素、时长为5秒的片头 ②应用过渡效果引入片头画面，然后再展示节目标题文本 ③使用渐变的矩形边框作为文本的装饰，再分别利用修剪路径和过渡效果为形状和文本制作动画 ④利用"置换图"效果为整个节目标题制作故障风的效果
知识要点	"渐变擦除"效果、"梯度渐变"效果、"分形杂色"效果、"置换图"效果、"高斯模糊"效果、"线性渐变"效果、"发光"效果、"彩色浮雕"效果、调整图层

本实战的参考效果如图7-94所示。

效果预览

图7-94　霓虹灯故障风片头参考效果

素材位置： 素材\项目7\霓虹背景.jpg、片头音乐.mp3
效果位置： 效果\项目7\霓虹灯故障风片头.aep、霓虹灯故障风片头.avi

💬 思路及步骤

　　灵活应用效果可以制作出各种特殊的样式，在本例中，可结合"梯度渐变"效果为绘制的形状和部分文本叠加蓝色、紫色、洋红色等渐变色彩，使其与背景更加契合；再结合"分形杂色""置换图"效果为所有文本制作出扭曲、错位的效果。本例的制作思路如图7-95所示，参考步骤如下。

① 设计片头展示方式

② 设计标题文本并制作动画

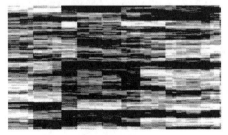

③制作置换图层

④制作故障风文本

图7-95　制作霓虹灯故障风片头的思路

（1）新建符合要求的合成，导入素材，为其应用"渐变擦除"效果并制作渐显动画。

（2）在视频画面中间绘制一个矩形框并调整形状，利用修剪路径制作绘制的动画效果，并在形状左上角留出空隙。

（3）在边框的空隙及中间位置输入文本，然后使用不同的效果美化矩形框和文本，并为其制作渐显动画。

（4）利用"分形杂色"效果制作一个置换图层，然后将其应用到文本及矩形所在的预合成中，制作出故障风的效果。

（5）为整个文本效果应用"发光"效果，再使用模糊效果为其制作渐显动画。

（6）添加背景音乐，保存并命名文件，输出AVI格式的视频。

微 课 视 频

制作霓虹灯故障风片头

 课后练习　制作MG动画风格片头

效 果 预 览

　　某学校录制了与"影视编辑"相关的视频课程，为在视频开始处点明视频课程的主题和内容，帮助学生更好地把握视频课程的重点和目标，增强视频课程的吸引力，准备统一制作一个MG动画风格片头，尺寸要求为1920像素×1080像素。设计师需要先使用素材设计一个背景，然后绘制多个形状，结合多种效果美化形状并制作动态的波浪效果，最后再为主题文本制作渐显动画，参考效果如图7-96所示。

 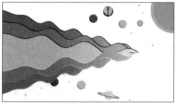 

图7-96　MG动画风格片头参考效果

 素材位置： 素材\项目7\星球元素.psd、MG动画风格片头音乐.mp3

效果位置： 效果\项目7\MG动画风格片头.aep、MG动画风格片头.avi

项目8
走进三维世界

　　米拉自入职以来已经积累了许多视频编辑经验，工作能力已有较大提升。于是老洪决定让米拉尝试接触新的视频编辑技术——让二维的视频产生三维的视觉效果。

　　老洪对米拉说："三维动画是一种通过计算机模拟三维物体和场景的动画技术，可以使视频画面更加逼真、立体感更强，而且还可以制作各种复杂的特效。"听完老洪的介绍，米拉决心要认真研究如何制作出三维效果，并尽力完成好对应的任务，以提高自己的技术水平和专业素养。

知识目标	● 熟悉三维图层的基本操作 ● 掌握摄像机、灯光的使用方法 ● 掌握三维跟踪的应用方法
素养目标	● 通过制作三维场景，提升空间想象力和抽象思维能力 ● 培养创造性思维，通过不断尝试和实践探索新的创意效果

任务8.1　制作立体包装盒动画

由于米拉制作三维动画的经验较少，因此老洪先将较为简单的立体包装盒动画制作任务交给她，并告诉米拉这个任务需要较好的空间想象力，可通过三维图层的基本属性和基本操作来完成。

任务描述

任务背景	随着影视创作进入数字化制作阶段，视频编辑的手段也更加丰富多样，将实景拍摄的视频画面与动画元素融合，可以打造出更好的视觉效果。某综艺节目进入后期编辑阶段，需要制作一个立体包装盒动画作为视频画面中的动画元素
任务目标	① 制作一个尺寸为5000像素×3000像素、时长为6秒的立体包装盒动画
	② 利用素材制作出二维的正方体展开平面图，再利用颜色校正类效果改变正方体各个面的颜色，使正方体各个面便于区分，同时还能丰富画面色彩
	③ 将二维图层转换为三维图层后，利用其旋转类的属性模拟包装盒合上又打开的动画效果，使包装盒更具立体感
	④ 将所有图层预合成，再利用旋转类的属性制作包装盒整体的旋转动画，增强画面的视觉效果
知识要点	二维图层转换为三维图层、三维图层的基本属性、三维图层的基本操作、关键帧动画

本任务的参考效果如图8-1所示。

图8-1　立体包装盒动画参考效果

素材位置： 素材\项目8\包装纸.jpg
效果位置： 效果\项目8\立体包装盒动画效果.aep、立体包装盒动画效果.avi

知识准备

在老洪的提醒下，米拉准备先熟悉三维图层的特点和基本操作，以便后续在正式制作时，能够顺利地搭建出具有立体感的包装盒。

1. 三维与三维图层

二维是指在一个平面中的内容，只存在左右和上下两个方向，不存在前后方向，在一张纸上的内容就可以看作是二维的世界，即只有面积没有体积。而三维是指在二维中又加入了一个方向向量而构成的空间系，包含坐标轴的3个轴（x轴、y轴、z轴），存在前后方向，从而形成视觉立体感。图8-2所示为二维（左）与三维（右）的视觉对比效果。

图8-2 二维与三维的视觉对比

在AE中，默认的图层都是二维图层，在"合成"面板中通过上下左右拖曳图层，可改变该图层在x轴和y轴上的位置。而三维图层在"合成"面板中会显示3种不同颜色的箭头，如图8-3所示，分别代表着三维世界的3个坐标轴，其中x轴为红色、y轴为绿色、z轴为蓝色。三维坐标轴构成了整个立体空间，主要用于空间定位。

图8-3 三维坐标轴

为了更方便地操作三维图层，三维坐标轴有3种不同的模式供设计师选择。使用选取工具▶选择三维图层后，在工具箱右侧可看到这3种模式，单击相应的按钮可进行切换。

- **本地轴模式**⚒：该模式可将三维坐标轴与三维图层的表面对齐，即与图层相对一致，当旋转三维图层时，三维坐标轴会跟着旋转。
- **世界轴模式**⚒：该模式将固定三维坐标轴的方向，旋转三维图层时，三维坐标轴的方向不会发生变化。
- **视图轴模式**⚒：该模式可将三维坐标轴与选择的视图对齐，即无论选择哪种视图，三维图层的三维坐标轴始终正对视图。

2. 三维图层的基本属性

在"时间轴"面板中单击二维图层"图层开关"窗格中◉图标下方的■图标，使其变为◈图标，即可将该图层转换为三维图层，如图8-4所示。需要注意的是，除了音频图层外，其他类型的二维图层都能转换为三维图层。

图8-4 将二维图层转换为三维图层

二维图层具有锚点、位置、缩放、旋转和不透明度5个基本属性，并且只有x轴和y轴两个方向上的参数。而三维图层不仅具有二维图层的基本属性，还具有其他属性。展开三维图层的"变换"栏，可看到除了不透明度属性保持不变外，锚点、位置和缩放属性都增加了z轴的参数，并且旋转属性还细分为3组参数，同时还增加了方向属性，如图8-5所示。

图8-5 "变换"栏

- **方向：** 当调整某个图层的方向属性时，该图层将围绕世界轴旋转，其调整范围只有360度。
- **旋转：** 当调整某个图层的旋转属性时，该图层将围绕本地轴旋转，其调整范围不受限制。

另外，三维图层中还有一个"材质选项"栏，用于指定图层与光照或阴影交互的方式。在"时间轴"面板中展开三维图层下方的"材质选项"栏，可以看到其中的各个参数，如图8-6所示。

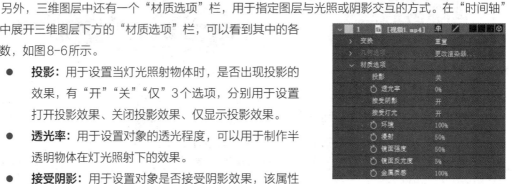

图8-6 "材质选项"栏

- **投影：** 用于设置当灯光照射物体时，是否出现投影的效果，有"开""关""仅"3个选项，分别用于设置打开投影效果、关闭投影效果、仅显示投影效果。
- **透光率：** 用于设置对象的透光程度，可以用于制作半透明物体在灯光照射下的效果。
- **接受阴影：** 用于设置对象是否接受阴影效果，该属性不能用于制作关键帧动画。
- **接受灯光：** 用于设置对象是否受灯光照射的影响，该属性不能用于制作关键帧动画。
- **环境：** 用于设置三维图层受"环境"类型灯光的影响程度。
- **漫射：** 用于设置三维图层受漫反射的程度。
- **镜面强度：** 用于设置物体受镜面反射的程度。
- **镜面反光度：** 用于设置三维图层中镜面高光的反射区域和强度。
- **金属质感：** 用于调整由镜面反光度反射出光的颜色。

再次单击◎图标，可将对应的三维图层转换为二维图层，需要注意的是，此时将删除"Y旋转""X旋转""方向""材质选项"等二维图层中不存在的属性和基于这些属性创建的关键帧和表达式，以及与z轴相关的参数，且相关设置无法通过将该图层再次转换为三维图层的方式恢复。

3. 三维图层的基本操作

在应用三维图层之前，需要先掌握三维图层的基本操作。

（1）移动三维图层

选择要移动的三维图层，选择选取工具 ，在"合成"面板中直接拖曳三维坐标轴的箭头，可在相应的轴上移动该图层，图8-7所示为在z轴方向上移动三维图层；也可以直接在"时间轴"面板中通过修改位置属性的参数来移动三维图层。

（2）旋转三维图层

选择要旋转的三维图层，选择旋转工具 ，打开工具箱右侧的"组"下拉列表，选择"方向"或"旋转"选项，以确定该工具是影响方向属性还是旋转属性，然后在"合成"面板中直接拖曳三维坐标轴的箭头便可旋转三维图层，图8-8所示为在方向属性上旋转三维图层；也可以在"时间轴"面板中通过修改方向、x轴旋转、y轴旋转或z轴旋转属性的参数来旋转三维图层。

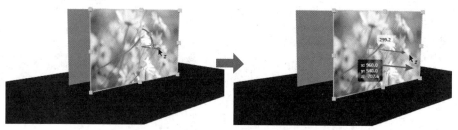

图8-7 在z轴方向上移动三维图层

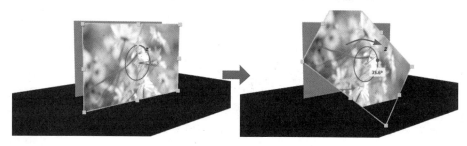

图8-8 在方向属性上旋转三维图层

（3）调整三维视图

在AE中进行三维合成时，可以通过切换视图和选择视图布局的方式来调整视图，以便从不同的角度观察和调整三维图层。

- **切换视图：** 打开"合成"面板右下方的"活动摄像机"下拉列表，在其中可选择视图选项来切换不同的视图。默认情况下，在"合成"面板中显示的视图为"活动摄像机"，在该视图下，三维图层没有固定的视角。选择"正面""左侧""顶部""背面""右侧""底部"视图选项可直接从对应的方向查看三维图层，图8-9所示为"正面"视图；选择"自定义视图1""自定义视图2""自定义视图3"视图选项，则以3种透视的角度（依次为从左前上方、正前上方、右前上方观察）来显示图层，图8-10所示为"自定义视图1"视图。

图8-9 "正面"视图

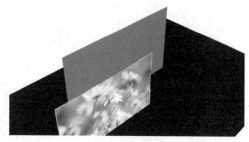

图8-10 "自定义视图1"视图

- **选择视图布局：** 打开"合成"面板右下角"1个视图"下拉列表，在其中可选择不同的视图布局选项。默认情况下选择"1个视图"选项，即画面中只有1个视图；选择"2个视图"选项时，画面显示为左右2个视图，如图8-11所示；选择"4个视图"选项时，画面显示为左右上下4个大小相同的视图，如图8-12所示。

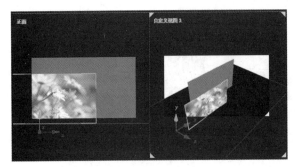

图8-11　2个视图

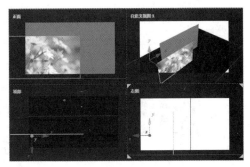

图8-12　4个视图

任务实施

1. 制作包装平面图并创建三维图层

微 课 视 频

制作包装平面图并
创建三维图层

米拉准备使用一张包装纸的素材图像来制作包装盒的6个面，并调整每个面的颜色，以使每个面有所区别，然后搭建包装盒展开之后的形状，再将所有图层转换为三维图层，具体操作如下。

（1）新建名称为"立体包装盒动画效果"、尺寸为"5000像素×3000像素"、持续时间为"0:00:06:00"的合成。导入"包装纸.jpg"素材，将其拖曳至"时间轴"面板，按【S】键显示缩放属性，设置缩放为"20.0%,20.0%"。

（2）选择"包装纸"图层，按【Ctrl+D】组合键复制图层，选择【效果】/【颜色校正】/【色相/饱和度】命令，在"效果控件"面板中设置主色相为"0x+38.0°"，如图8-13所示，将红色的包装纸调整为黄色。

（3）按住【Shift】键，使用选取工具▶向左拖曳黄色的包装纸，使其右侧与红色包装纸的左侧无缝隙对齐，如图8-14所示。

图8-13　设置"色相/饱和度"参数

图8-14　移动黄色包装纸

（4）使用与步骤（2）相同的方法复制4次黄色的"包装纸"图层，然后分别在"效果控件"面板中修改主色相的参数为"0x-136.0°""0x+144.0°""0x-174.0°""0x-102.0°"，使6个包装纸图层的色彩各不相同，然后按照与步骤（3）相同的方法调整包装纸的位置，效果如图8-15所示。

（5）选择向后平移（锚点）工具▦，分别调整除红色包装纸图层外所有图层的锚点，以便后续操作，调整后的锚点位置如图8-16所示。根据包装纸的颜色分别对相应图层进行重命名操作。

（6）选择所有图层，单击"图层开关"窗格中◎图标下对应的■图标，使其变为◎图标，将所有图层转换为三维图层。由于紫色的包装纸将跟随浅蓝色的包装纸移动，因此可设置"浅蓝色"图层为"紫色"图层的父级图层，如图8-17所示。

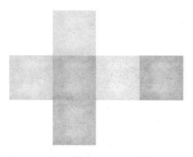

图8-15 复制图层并调整颜色和位置

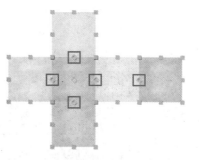

图8-16 调整包装纸的锚点

图8-17 转换为三维图层并设置父级图层

2. 使用三维图层属性制作动画

米拉创建好包装盒的平面展开图后，准备使用三维图层的旋转类属性为其制作旋转动画，使包装盒能够合上，具体操作如下。

（1）选择"绿色""深蓝色"图层，按【R】键显示旋转类属性，开启x轴旋转属性的关键帧，将时间指示器移至0:00:01:00处，分别设置"绿色"图层和"深蓝色"图层的x轴旋转为"0x+90.0°""0x-90.0°"，前后对比效果如图8-18所示。

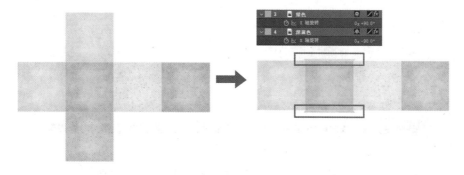

图8-18 旋转"绿色""深蓝色"图层的前后对比效果

（2）选择"紫色""浅蓝色""黄色"图层，使用与步骤（1）相同的方法在0:00:00:00处开启y轴旋转属性的关键帧，然后在0:00:01:00处分别设置这3个图层的y轴旋转为"0x+90.0°""0x+90.0°""0x-90.0°"。合上包装盒的动画效果如图8-19所示。

图8-19 合上包装盒的动画效果

（3）选择所有图层，按【U】键显示所有关键帧，先统一在0:00:01:12处添加关键帧，然后分别复制所有图层中0:00:00:00处的关键帧，再粘贴到0:00:02:12处，如图8-20所示，使包装盒合上后又再次打开。

图8-20　复制并粘贴关键帧

（4）选择所有图层，按【Ctrl+Shift+C】组合键，打开"预合成"对话框，设置新合成名称为"包装盒"，然后单击 确定 按钮。

（5）打开"合成"面板中右下角的"1个视图"下拉列表，在其中选择"4个视图"选项，然后分别将第1、3、4个视图切换为"自定义视图1""自定义视图2""自定义视图3"，以便观察包装盒的立体效果，如图8-21所示。

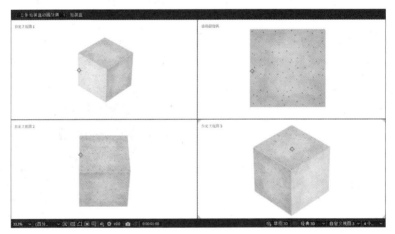

图8-21　切换视图

（6）按【R】键显示旋转类属性，先在0:00:00:00和0:00:01:00处为 x 轴旋转和 z 轴旋转属性添加关键帧，然后再将时间指示器移至0:00:01:12处，直接设置 x 轴旋转和 z 轴旋转为"0x+32.9°"和"0x+134.6°"，并同时在"合成"面板中查看动画效果，如图8-22所示。

图8-22　添加 x 轴旋转和 z 轴旋转关键帧

（7）查看包装盒的最终效果，如图8-23所示，按【Ctrl+S】组合键保存文件，并将文件命名为"立体包装盒动画效果"，最后输出AVI格式的视频。

图8-23 包装盒动画的最终效果

课堂练习

制作开门转场效果

导入提供的素材，先复制并变换"门.jpg"素材，制作出两扇门的效果，将两扇门所在的图层转换为三维图层后，分别调整锚点位置，再将视频素材移至门的下方，最后结合旋转属性和关键帧制作开门的转场效果。本练习的参考效果如图8-24所示。

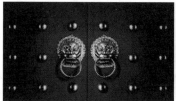  

图8-24 开门转场参考效果

素材位置： 素材\项目8\门.jpg、节日视频.mp4
效果位置： 效果\项目8\开门转场效果.aep、开门转场效果.avi

任务8.2 制作《诗歌朗诵》节目背景

老洪告诉米拉，灯光和摄像机在三维动画中发挥着至关重要的作用，能够增强视频画面的效果。老洪让她在制作《诗歌朗诵》节目背景时，结合灯光和摄像机来设计画面。

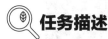 **任务描述**

任务背景	某电视台策划了一档《诗歌朗诵》节目，该节目旨在推广和传承中国优秀传统文化，通过朗诵经典古诗词，向观众传达诗意和情感。现需要设计师为该节目设计一个视频，作为节目开场时的背景

续表

任务目标	① 制作一个尺寸为1280像素×1080像素、时长为8秒的视频
	② 利用三维图层的特点将多个诗句前后排列，使其具有层次感和空间纵深感，并通过关键帧制作移动动画
	③ 利用摄像机中的参数制作景深效果，使视频画面的三维效果更加真实
	④ 在视频画面中添加灯光，突出显示部分内容，使观众的视线焦点更集中、更明确，还能增强场景中文本的立体感
知识要点	创建灯光、创建摄像机、三维图层的基本属性、三维图层的基本操作、关键帧动画

本任务的参考效果如图8-25所示。

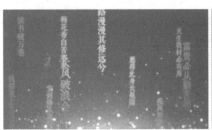

效果预览

图8-25 《诗歌朗诵》节目背景参考效果

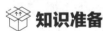

素材位置： 素材\项目8\星光.mp4

效果位置： 效果\项目8\《诗歌朗诵》节目背景.aep、《诗歌朗诵》节目背景.avi

知识准备

由于AE提供了多种类型的灯光及摄像机，因此米拉需要先熟悉不同类型灯光、摄像机的具体作用，再选择合适的类型应用到《诗歌朗诵》节目背景中。

1. 灯光

灯光是用于照亮三维图层中的物体的工具，类似于光源。灵活地运用灯光可以模拟出物体在不同光线下的效果，使该物体更具立体感。AE提供以下4种类型的灯光，不同的灯光可以营造出不同的效果。

- **平行光：** 平行光类似于来自太阳的光，光照范围无限，可照亮场景中的任何地方，并且光照强度无衰减。平行光能使被照射物体产生阴影，同时也具有方向性，其照射效果为整体照射，如图8-26所示。

- **聚光：** 聚光不仅可以调整位置，还可以调整照射的方向，同时被照射物体产生的阴影具有模糊效果。聚光可以圆锥形发射光线，还可根据圆锥的角度确定照射范围，如图8-27所示。

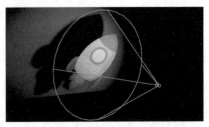

图8-26 平行光

图8-27 聚光

- **点光：** 点光是从一个点向四周发射的光，由于被照射物体与光源的距离不同，照射效果也不同，如图8-28所示。
- **环境光：** 环境光没有发射点和方向性，只能设置光照强度和颜色。环境光可以为整个场景添加光照，调整整个画面的亮度，如图8-29所示。因此，环境光常用于为场景补充照明，或与其他灯光配合使用。

图8-28 点光

图8-29 环境光

在AE中创建灯光的方法为：选择【图层】/【新建】/【灯光】命令，打开"灯光设置"对话框，如图8-30所示，在其中可以设置灯光的各种属性参数，然后单击 确定 按钮创建对应的灯光图层。

- **名称：** 用于设置灯光的名称。灯光名称默认为"灯光类型＋数字"。
- **灯光类型：** 用于设置灯光的类型。
- **颜色：** 用于设置灯光的颜色，默认为白色。
- **强度：** 用于设置灯光的亮度，强度越高，灯光越亮。若强度为负值可产生吸光效果，即降低场景中其他灯光的亮度。
- **锥型角度：** 用于设置聚光灯的照射范围。
- **锥型羽化：** 用于设置聚光灯照射区域边缘的柔化程度。
- **衰减：** 用于控制灯光的强度随距离增加而减弱的效果。启用"衰减"后，可激活"半径"和"衰减距离"选项，用于控制光照能达到的位置。其中"半径"选项用于控制灯光照射的范围，半径之内的范围，亮度不变，半径之外的范围，亮度

图8-30 "灯光设置"对话框

开始衰减；"衰减距离"选项用于控制灯光照射的距离，当该值为0时，光照边缘不会产生柔和效果。

- **"投影"复选框：** 用于指定灯光是否可以产生投影。
- **阴影深度：** 用于控制阴影的浓淡程度。
- **阴影扩散：** 用于控制阴影的模糊程度。

疑难解析

创建好灯光图层后，如何再次修改灯光参数？

在"时间轴"面板中双击灯光图层左侧的 图标，可在打开的"灯光设置"对话框中修改各项参数；或选择灯光图层后，直接按【Ctrl+Shift+Y】组合键打开"灯光设置"对话框对各项参数进行修改；或在"时间轴"面板中展开灯光图层的"灯光选项"栏，在其中修改灯光参数。

2. 摄像机

使用摄像机可以从任何角度和距离查看合成的画面效果。AE提供的摄像机有单节点摄像机和双节点摄像机两种类型，设计师可根据具体需要进行选择。

- **单节点摄像机：** 单节点摄像机只能操控摄像机本身，有位置、方向和旋转等属性，如图8-31所示，其中右下角为摄像机所在位置。单节点摄像机常用于制作直线运动之类的简单动画。
- **双节点摄像机：** 双节点摄像机相对于单节点摄像机多一个目标点属性，用于锁定拍摄方向，如图8-32所示。使用双节点摄像机可以通过移动摄像机来选择不同的目标点，也可以让摄像机围绕目标点进行推、拉、摇、移等操作。

图8-31 单节点摄像机

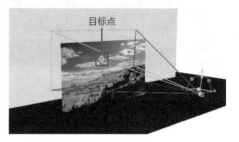

图8-32 双节点摄像机

创建摄像机的方法为：选择【图层】/【新建】/【摄像机】命令，或按【Ctrl+Alt+Shift+C】组合键，打开"摄像机设置"对话框，如图8-33所示，在其中可设置摄像机的类型、名称、预设等参数，然后单击 确定 按钮创建摄像机图层。

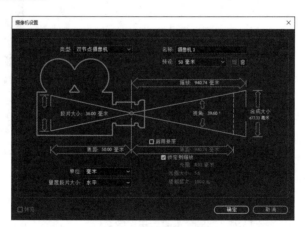

图8-33 "摄像机设置"对话框

- **类型：** 用于设置摄像机的类型。
- **名称：** 用于设置摄像机的名称。默认情况下，"摄像机1"是在合成中创建的第一个摄像机的名称，并且所有后续创建的摄像机名称将按升序编号。
- **预设：** 用于设置摄像机镜头（默认为50毫米），主要根据焦距命名。选择不同的预设选项，其中的"缩放""视角""焦距""光圈"等参数值也会相应更改。
- **缩放：** 用于设置从摄像机镜头到图像平面的距离，该值越大，通过摄像机显示的图层中的物体就越大，视觉范围也就越小。
- **视角：** 用于设置在图像中捕获的场景宽度，可通过"焦距""胶片大小""缩放"等参数值来确定视角值。一般来说，视角越大，视野越宽；反之，则视野越窄。较广的视角可以创建与广角镜头相同的效果。

- **"启用景深"复选框：** 单击选中该复选框，可启用景深功能，创建更逼真的摄像机聚焦效果。此时位于该复选框下方的"焦距""光圈""光圈大小""模糊层次"参数将会被激活，用于自定义景深效果。
- **"锁定到缩放"复选框：** 单击选中该复选框，焦距将锁定到缩放距离。
- **光圈：** 用于设置镜头孔径的大小，增加光圈值会增加景深模糊度。
- **光圈大小：** 用于设置焦距与光圈的比例。
- **模糊层次：** 用于设置视频画面中景深模糊的程度。该值越大，画面越模糊。
- **胶片大小：** 通过镜头看到的实际视频画面的大小，与合成大小相关。
- **焦距：** 用于设置从胶片平面到摄像机镜头的距离，该值越大，看到的范围越远，细节越好，以匹配真实摄像机中的长焦镜头。修改焦距时，"缩放"值也会相应地更改，以匹配真实摄像机的透视性，此外，"视角""光圈"等值也会相应地改变。
- **单位：** 用于表示摄像机设置值所采用的测量单位。
- **量度胶片大小：** 用于设置胶片的大小。

3. 摄像机的基本操作

为满足视频画面的制作需要，可以使用摄像机工具组调整摄像机的位置、方向等。在工具箱中长按 ⬒ 按钮组中的任意一个按钮，可在打开的工具组中选择以下8个摄像机工具。

- **绕光标旋转工具⬒：** 使用该工具可以绕单击位置移动摄像机。
- **绕场景旋转工具⬒：** 使用该工具可以绕合成中心移动摄像机，如图8-34所示。

图8-34 使用绕场景旋转工具

- **绕相机信息点旋转⬒：** 使用该工具可以绕目标点移动摄像机，如图8-35所示。

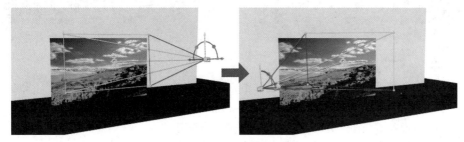

图8-35 使用绕相机信息点旋转

- **在光标下移动工具⬒：** 使用该工具可以让摄像机根据鼠标指针的位置进行平移。
- **平移摄像机POI工具⬒：** 使用该工具可以根据摄像机的目标点来移动摄像机。

- **向光标方向推拉镜头工具↓：** 使用该工具可以将摄像机镜头从合成中心推向单击位置。
- **推拉至光标工具↕：** 使用该工具可以针对单击位置推拉摄像机镜头。
- **推拉至摄像机POI工具↓：** 使用该工具可以针对目标点推拉摄像机，如图8-36所示。

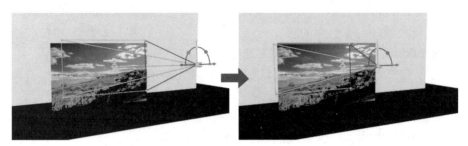

图8-36　使用推拉至摄像机POI工具

✕ 任务实施

1. 添加摄像机并制作动画

微课视频

添加摄像机并
制作动画

米拉构思好视频的内容后，准备先制作一个纯色背景并添加光效，再结合摄像机和文本的位置属性为文本制作移动动画，并通过改变文本与摄像机的距离让视频画面具有层次感，具体操作如下。

（1）新建名称为"《诗歌朗诵》节目背景"、尺寸为"1280像素×720像素"、持续时间为"0:00:08:00"的合成。

（2）在"时间轴"面板中单击鼠标右键，在弹出的快捷菜单中选择【新建】/【纯色】命令，打开"纯色设置"对话框，设置颜色为"#545BF2"，然后单击 确定 按钮。

（3）导入"星光.mp4"素材，将其拖入"时间轴"面板，并设置图层混合模式为"相加"，效果如图8-37所示。

（4）使用竖排文字工具 ㏕ 在画面中输入图8-38所示的诗句，每句诗词为一个文本图层，然后设置字体为"方正清刻本悦宋简体"，填充颜色为"#FFC375"，字体大小为"40像素"，行距为"48像素"。

图8-37　添加素材与设置图层混合模式

图8-38　输入文本

（5）在"时间轴"面板中单击鼠标右键，在弹出的快捷菜单中选择【新建】/【摄像机】命令，打开"摄像机设置"对话框，设置类型为"双节点摄像机"，单击选中"启用景深"复选框，其他参数保持默认设置，如图8-39所示，然后单击 确定 按钮。

（6）打开"合成"面板右下方的"活动摄像机"下拉列表，选择"顶部"选项，然后在"时间轴"面板中选择所有文本图层，再按【↓】键将所有文本图层向下方移动，即改变z轴参数。再使用选取工具 ▶ 移动单个文本图层，如图8-40所示。

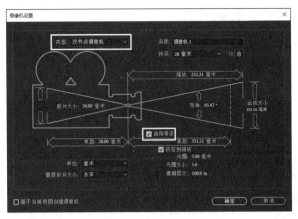

图8-39 设置摄像机参数

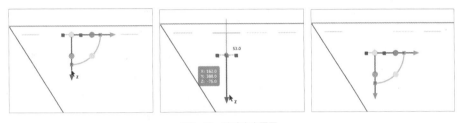

图8-40 移动文本图层

（7）打开"合成"面板右下角"1个视图"下拉列表，选择"2个视图"选项，并分别将左右两个视图设置为"活动摄像机"和"顶部"，然后分别在两个视图中调整文本图层的位置，以便于观察效果，如图8-41所示。

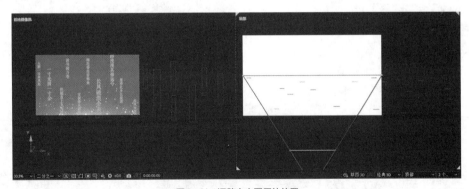

图8-41 调整文本图层的位置

（8）选择所有文本图层，按【P】键显示位置属性，然后在0:00:00:00处添加关键帧，再将时间指示器移至0:00:07:24处，将所有文本图层向左移动，效果如图8-42所示。

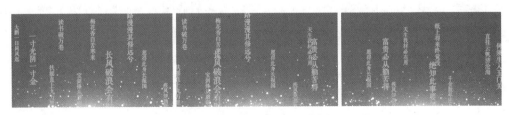

图8-42 文本移动效果

2. 创建灯光并制作景深效果

微课视频

创建灯光并制作
景深效果

为了突出视频画面的中心区域，使观众视线更加集中，米拉准备在画面中间添加一个点光，再通过调整摄像机的参数模拟景深效果，具体操作如下。

（1）选择【图层】/【新建】/【灯光】命令，打开"灯光设置"对话框，设置灯光类型为"点"，颜色为"#FFF288"，强度为"150%"，如图8-43所示，然后单击 确定 按钮，最后再分别在两个视图中调整灯光位置，如图8-44所示。

图8-43 设置灯光参数

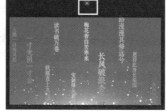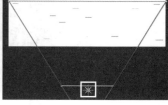

图8-44 调整灯光位置

（2）展开"摄像机1"图层中的"摄像机选项"栏，设置焦距为"500.0像素"，光圈为"25.0像素"，模糊层次为"200%"，如图8-45所示，使画面产生景深效果，如图8-46所示。

（3）最终效果如图8-47所示。按【Ctrl+S】组合键保存文件，并将文件命名为"《诗歌朗诵》节目背景"，最后输出AVI格式的视频。

图8-45 调整摄像机参数

图8-46 查看效果

图8-47 《诗歌朗诵》节目背景效果

课堂练习

制作美食节目展示背景

效果预览

导入提供的素材，将二维图层转换为三维图层，通过旋转、移动图层等操作，将图层拼接成一个立体的六棱柱，构建出三维场景，然后添加一个平行光，照亮部分图像，用于聚焦观众的视线，再创建一个双节点摄像机来调整视频画面的视角，制作美食节目展示背景。本练习的参考效果如图8-48所示。

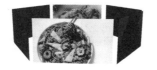

图8-48 美食节目展示背景参考效果

素材位置： 素材\项目8\美食素材
效果位置： 效果\项目8\美食节目展示背景.aep、美食节目展示背景.avi

任务8.3 制作影视剧片头

　　米拉查看了影视剧片头的相关资料，对客户的需求产生了一些疑虑，不知道该如何让文本与视频画面融合，于是便向老洪请教。在老洪提示可用跟踪摄像机功能后，米拉请求老洪进一步指导她应该如何运用这项功能来满足客户的需求。

🔍 任务描述

任务背景	《我们，正青春》影视剧拍摄完成，需要设计师为该影视剧制作一个片头，要求利用影视剧中的片段作为片头的主要内容，展示出主创人员的名单，并让文本与视频画面融合
任务目标	① 制作一个尺寸为1280像素×1080像素、时长为12秒的视频
	② 利用跟踪摄像机为视频画面创建跟踪点，并依据跟踪点创建平面，使平面能够随视频画面进行变化，再使用文本信息替换平面中的内容，使文本能够自然融入画面
	③ 展示完主创人员名单后，结合不透明度和缩放属性为影视剧名称制作渐显并放大的动画，加深观众对该影视剧的印象
知识要点	3D摄像机跟踪器、创建跟踪图层、预合成图层

本任务的参考效果如图8-49所示。

效果预览

图8-49 影视剧片头参考效果

素材位置： 素材\项目8\影视剧视频.mp4、影视剧剧名.png、影视剧主创人员.txt、影视剧音频.mp3

效果位置： 效果\项目8\影视剧片头.aep、影视剧片头.avi

 **知识准备**

为了避免在正式编辑视频时出现操作失误，老洪建议米拉先明确使用跟踪摄像机功能的具体操作。米拉听取老洪的建议后，开始仔细研究相关的设置及参数，深入了解它们的特性。

1. 认识跟踪摄像机功能

跟踪摄像机功能可以自动分析视频，提取摄像机运动和三维场景中的数据，然后创建虚拟的3D摄像机来匹配视频画面，并可将图像、文字等元素融入画面中。

在应用跟踪摄像机功能之前需要先分析素材，具体操作方法为：选择视频素材，然后选择【动画】/【跟踪摄像机】命令；或选择【窗口】/【跟踪器】命令，在打开的"跟踪器"面板中单击 <kbd>跟踪摄像机</kbd> 按钮，视频图层将自动添加一个"3D摄像机跟踪器"效果，并开始自动进行分析，在图8-50所示的"效果控件"面板中可修改相应参数。

图8-50　3D摄像机跟踪器

- **分析/取消：** 用于开始或停止素材的后台分析。分析完成后，该按钮处于无法应用的状态。
- **拍摄类型：** 用于指定以视图的固定角度、变量收缩或指定视角选项来捕捉素材，更改此设置需重新解析。
- **水平视角：** 用于指定解析器使用的水平视角，需在"拍摄类型"下拉列表中选择"指定视角"选项时才会启用该设置。
- **显示轨迹点：** 用于将检测到的特性显示为带透视提示的3D点（3D已解析）或由特性跟踪捕捉的2D点（2D源）。
- **渲染跟踪点：** 用于控制跟踪点是否渲染为效果的一部分。
- **跟踪点大小：** 用于更改跟踪点的显示大小。
- **创建摄像机：** 用于创建3D摄像机。
- **高级：** 3D摄像机跟踪器效果的高级控件，用于查看当前自动分析所采用的方法和误差情况。

为视频素材应用"3D摄像机跟踪器"效果后，AE会在"合成"面板中显示"在后台分析"的文字提示，同时在"效果控件"面板中也会显示分析的进度。分析结束后，AE会在"合成"面板中显示"解析摄像机"的文字提示，该提示消失后将会显示跟踪点。需要注意的是，"3D摄像机跟踪器"效果对素材的分析是在后台执行的，因此在进行视频分析时，可在AE中继续进行其他操作。

2. 跟踪点的基本操作

分析视频结束后，在"效果控件"面板中选择"3D摄像机跟踪器"效果，此时"合成"面板中将会出现不同颜色的跟踪点，如图8-51所示，编辑这些跟踪点可以跟踪物体的运动。

（1）选择跟踪点

选择选取工具 ，在可以定义一个平面的3个相邻且未选定的跟踪点之间移动鼠标指针，此时鼠标指针会自动识别画面中的

图8-51　跟踪点

一组跟踪点，这些点之间会出现一个半透明的三角形和一个红色的圆圈（目标），如图8-52所示，以预览选取效果。此时单击确认选择跟踪点，被选中的跟踪点将高亮显示，如图8-53所示。

图8-52 识别跟踪点

图8-53 确认选择跟踪点

另外，也可以使用选取工具 ▶ 绘制选取框，框内的跟踪点可被选择；或按住【Shift】键或【Ctrl】键的同时单击选择多个跟踪点。

（2）取消选择跟踪点

选择跟踪点后，按住【Shift】键或【Ctrl】键的同时单击所选的跟踪点，或远离跟踪点单击，可取消选择跟踪点。

（3）删除跟踪点

选择跟踪点后，在其上单击鼠标右键，在弹出的快捷菜单中选择"删除选定的点"命令，或按【Delete】键可将其删除。需要注意的是，在删除跟踪点后，摄像机将会重新分析视频素材，并且在重新分析视频素材时，可以继续删除其他的跟踪点。

3. 目标与跟踪图层

选择跟踪点后，将目标移动到其他位置，后期创建的内容也将在该位置上生成。具体操作方法为：将鼠标指针移动到目标的中心，此时鼠标指针将变为 ▸❖ 形状，此时按住鼠标左键不放并拖曳鼠标，可移动目标的位置，图8-54所示为移动目标的前后效果。

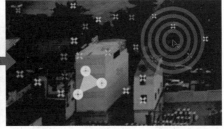

图8-54 移动目标的位置

选择跟踪点后，可以在跟踪点上创建跟踪图层，使跟踪图层中的对象跟随视频运动。具体操作方法为：在选择的跟踪点上单击鼠标右键，然后在弹出的快捷菜单中选择相应的命令，如图8-55所示。

- **创建文本和摄像机：**选择该命令，将在"时间轴"面板中创建一个文本图层和3D跟踪器摄像机图层（选择"创建3文本图层和摄像机"命令将创建3个文本图层和3D跟踪器摄像机图层，后续命令的效果类似，不再赘述）。

- **创建实底和摄像机：**选择该命令，将在"时间轴"面板中创建

创建文本和摄像机
创建实底和摄像机
创建空白和摄像机
创建明影捕手、摄像机和光

创建 3 文本图层和摄像机
创建 3 实底和摄像机
创建 3 个空白和摄像机

设置地平面和原点

删除选定的点

图8-55 快捷菜单

一个实底的纯色图层和3D跟踪器摄像机图层。

- **创建空白和摄像机：** 选择该命令，将在"时间轴"面板中创建一个空对象图层和3D跟踪器摄像机图层。
- **创建阴影捕手、摄像机和光：** 选择该命令，将在"时间轴"面板中创建"阴影捕手"图层、3D跟踪器摄像机图层和光照图层，可为画面添加逼真的阴影和光照效果。
- **设置地平面和原点：** 选择该命令，将在选定的位置建立一个包含地平面和原点的参考点，该参考点的坐标为（0,0,0）。该操作虽然在"合成"面板中看不到任何效果，但是在"3D摄像机跟踪器"效果中创建的所有项目都基于此地平面和原点创建，将更便于调整摄像机的角度和位置。

知识补充

跟踪运动

跟踪运动也是AE中一种让对象跟随摄像机运动的三维跟踪功能，但相比于跟踪摄像机功能的自动跟踪，跟踪运动需要手动将运动的跟踪数据应用于另一个对象。关于跟踪运动的具体操作，可扫描右侧的二维码查看详细内容。

知识补充

跟踪运动

🔧 任务实施

1. 分析视频并创建跟踪图层

以跟踪摄像机功能的使用方法为指导，米拉需要先使用跟踪摄像机分析视频，然后选择合适的跟踪点并创建跟踪图层，具体操作如下。

微课视频

分析视频并创建
跟踪图层

（1）新建名称为"影视剧片头"、尺寸为"1280像素×720像素"、持续时间为"0:00:12:00"的合成。

（2）导入"影视剧视频.mp4"素材，并将其拖入"时间轴"面板。选择该图层，选择【效果】/【透视】/【3D摄像机跟踪器】命令，应用该效果后将自动在后台中进行分析，此时"合成"面板中的画面如图8-56所示。

（3）分析完成后，"合成"面板中将显示"解析摄像机"文字，如图8-57所示；并且画面中将显示所有的跟踪点，如图8-58所示。

图8-56 "合成"面板中的画面

图8-57 分析完成

（4）将鼠标指针移至画面左侧建筑物表面的跟踪点上方，当多个跟踪点形成的红色同心圆与建筑物表面平行时，单击即可确定跟踪点，如图8-59所示。

（5）在跟踪点上单击鼠标右键，在弹出的快捷菜单中选择"创建实底和摄像机"命令，此时画面左侧的建筑物表面将出现一个矩形（跟踪实底），且"时间轴"面板中也将同步增加"跟踪实底 1"

和"3D跟踪器摄像机"图层，如图8-60所示。

图8-58 显示所有跟踪点

图8-59 确定跟踪点

图8-60 选择命令后的效果

2. 替换图层内容

米拉创建好实底图层后，需要将其中的纯色图层替换为文本图层，并适当调整文本的大小和位置，使其与视频画面更贴合，具体操作如下。

微课视频

替换图层内容

（1）选择"跟踪实底 1"图层，在其上单击鼠标右键，在弹出的快捷菜单中选择"预合成"命令，打开"预合成"对话框，设置新合成名称为"左侧文字1"，单击选中"保留'影视剧片头'中的所有属性"单选项和"打开新合成"复选框，如图8-61所示，再单击 确定 按钮。

（2）打开"左侧文字1"预合成，使用横排文字工具 T 在画面中间输入"导演：刘以成　制片：陈锦卿"文本，设置字体为"方正黑体简体"，填充颜色为"#FFFFFF"，文本大小为"100像素"。返回"影视剧片头"合成，效果如图8-62所示。

（3）适当调整文本的大小，并将其旋转一定的角度，使其与建筑的边缘对齐，再为其应用"投影"图层样式，效果如图8-63所示。最后预览视频效果，如图8-64所示。

图8-61 "预合成"对话框

图8-62 输入文本

图8-63 调整文本

图8-64 查看效果

（4）选择"影视剧视频.mp4"图层，在"效果控件"面板中单击"3D摄像机跟踪器"效果，继续在其他建筑的表面确定跟踪点，然后在其上单击鼠标右键，在弹出的快捷菜单中选择"创建实底"命令，创建其他实底的效果如图8-65所示。

（5）使用与步骤（1）和步骤（2）相同的方法分别为各个实底创建预合成图层并设置相应的名称，文本图层中的内容见"影视剧主创人员.txt"素材，再适当调整文本的角度并应用"投影"图层样式，如图8-66所示。

图8-65　创建其他实底

图8-66　替换文本并应用"投影"图层样式

（6）查看视频效果，如图8-67所示，可观察到最后方的文本在开头处较为突兀，因此需要进行调整。选择"右侧文字2"和"左侧文字3"两个预合成图层，按【T】键显示不透明度，分别在0:00:06:00和0:00:10:00处添加不透明度为"0%"的关键帧，以及在0:00:07:00和0:00:09:00处添加不透明度为"100%"的关键帧。

图8-67　查看效果

（7）导入"影视剧剧名.png"素材，并将其拖入"时间轴"面板，然后分别在0:00:10:00和0:00:11:00处添加不透明度为"0%""100%"和缩放为"0%""110%"的关键帧，使其逐渐放大显示，效果如图8-68所示。

图8-68　剧名的动画效果

（8）拖曳"影视剧音频.mp3"素材至"时间轴"面板，按【Ctrl+S】组合键保存文件，并将文件命名为"影视剧片头"，最后输出AVI格式的视频。

课堂练习

制作《航空之窗》节目片头

导入提供的素材，先分析视频素材，然后在视频画面中选择跟踪点，创建多个实底和摄像机，再替换实底图层中的内容，最后调整实底图层中素材的大小、位置等，并为部分元素制作旋转动画，完成《航空之窗》节目片头的制作。本练习的参考效果如图8-69所示。

效果预览

图8-69 《航空之窗》节目片头参考效果

素材位置： 素材\项目8\航空素材

效果位置： 效果\项目8\《航空之窗》节目片头.aep、《航空之窗》节目片头.avi

设计素养

三维动画的制作需要设计师具备创新思维，通过不断尝试来探索新的创意效果；还需要设计师精细地处理每一个细节，具有耐心和细心的态度，严格把控每个元素的质量。这就要求设计师不断接触和学习最新的技术、工具和设计理念，以不断提升自身的创新能力。

综合实战 制作《山水之韵》栏目包装

通过3个三维视频的制作，米拉感受到了三维世界的魅力，并且视频编辑能力也有了明显提升。于是老洪将《山水之韵》栏目包装的制作任务交给米拉，并嘱咐她要利用三维图层的特征来设计视频的画面效果。

实战描述

实战背景	《山水之韵》是一档以探寻山水之美为主旨的文旅探访栏目，现提供一些素材，要求设计师使用这些素材为该栏目制作一个栏目包装
实战目标	①制作尺寸为1920像素×1080像素、时长为8秒的视频
	②结合视频画面，利用跟踪图层展示"山水之韵"栏目名称文本，以及"江流天地外""山色有无中"文本，突出栏目的主题
	③为船制作移动动画，使视频画面更加生动
	④为栏目名称文本制作渐显动画，并利用灯光的移动来引导观众的视线
知识要点	3D摄像机跟踪器、创建跟踪图层、预合成图层、二维图层转换为三维图层、创建灯光、关键帧运动路径、关键帧动画

本实战的参考效果如图8-70所示。

图8-70 《山水之韵》栏目包装参考效果

素材位置： 素材\项目8\山水视频.mp4、背景.jpg、船.png、《山水之韵》背景音乐.mp3

效果位置： 效果\项目8\《山水之韵》栏目包装.aep、《山水之韵》栏目包装.avi

思路及步骤

　　设计师可以利用3D摄像机跟踪器分析山水视频，根据需要创建多个实底并替换为诗句文本，使文本内容融入视频画面中；再利用三维图层和灯光，创新设计栏目名称文本的展示效果，使其更加引人注目。本例的制作思路如图8-71所示，参考步骤如下。

① 使用3D摄像机跟踪器分析视频

② 创建多个实底并替换为文本内容

图8-71 制作《山水之韵》栏目包装的思路

③为船制作移动动画   ④为灯光制作动画

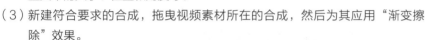

图8-71 制作《山水之韵》栏目包装的思路（续）

（1）导入素材，基于视频素材建立合成，分析视频素材，通过跟踪点创建多个实底。

（2）将每个实底单独进行预合成，然后替换为文本信息，并在视频画面中适当调整文本的大小、位置和角度等。

（3）新建符合要求的合成，拖曳视频素材所在的合成，然后为其应用"渐变擦除"效果。

（4）添加船的图像素材，适当调整其大小，为船制作移动动画，并适当调整关键帧路径。

（5）输入"山水之韵"栏目名称文本，利用蒙版为其制作渐显动画。

（6）将除合成外的所有图层转换为三维图层，然后添加灯光并为其制作移动动画，并在最后加强灯光的强度。

（7）添加背景音乐，保存与命名文件，并输出AVI格式的视频。

微课视频

制作《山水之韵》
栏目包装

187

课后练习 制作《科技未来》栏目包装

    《科技未来》是一档介绍未来科技发展趋势的栏目，让观众可以全面地了解当前科技领域的前沿信息和未来趋势，探索生活和工作中新的可能。该栏目现提供了3段视频素材，需要设计师为其制作栏目包装，尺寸要求为1920像素×1080像素。设计师可以利用聚光灯的属性，制作使用光线调整画面显示范围的动画，再利用3D摄像机跟踪器添加栏目名称文本，使其融入画面，最后在视频素材之间应用过渡效果，使视频整体更加流畅，参考效果如图8-72所示。

效果预览

图8-72 《科技未来》栏目包装参考效果

素材位置： 素材\项目8\《科技未来》素材

效果位置： 效果\项目8\《科技未来》栏目包装.aep、《科技未来》栏目包装.avi

项目9
应用脚本和插件

情景描述

　　随着视频制作难度的提高，米拉在工作方面感受到了一定的压力。恰逢公司准备开展一次培训会议，要求大家积极分享自己的工作心得，以及提高工作效率的方法，米拉希望能够从中学习到先进的AE技术，并获取一些实用的经验。

　　在会议上，老洪介绍了应用脚本和插件的方法，这些方法能大大提高视频编辑效率。米拉认真听取操作方法，并在工作中不断探索和尝试，以便在保证视频质量的情况下，高效地完成任务。

学习目标

知识目标	● 了解脚本和插件 ● 掌握脚本的使用方法 ● 掌握插件的使用方法
素养目标	● 提高技术水平，从而更好地满足不同的设计需求 ● 培养独立思考和独立解决问题的能力

任务9.1 制作"五四青年节"快闪文本视频

会议结束，米拉便向老洪表明了想要钻研脚本和插件使用方法的想法，于是老洪将"五四青年节"快闪文本视频的制作任务交给米拉，并提供了一个脚本文件给她，让她使用该脚本来进行制作。

任务描述

任务背景	快闪文本视频是指在短时间内，画面中闪现大量文本信息，通过不断变化的文本，搭配音频、卡点特效形成极强视觉吸引力的视频。临近五四青年节，某高校准备举办五四晚会，因此需要制作一个"五四青年节"快闪文本视频，并将其作为晚会的开场视频，以快速吸引观众的注意
任务目标	① 制作一个尺寸为1920像素×1080像素、时长在8秒左右的快闪文本视频
	② 划分音频素材的节奏点，让文本动画可以与音频节奏相对应，让视频画面与声音完美结合
	③ 为多个文本制作不同的动画效果，使视频的视觉效果更加丰富
知识要点	安装脚本、应用Text Force脚本

本任务的参考效果如图9-1所示。

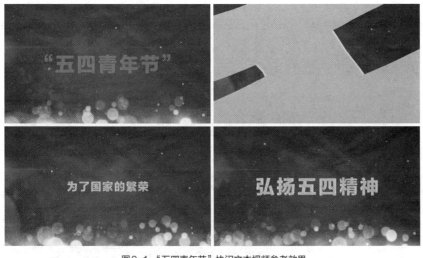

图9-1 "五四青年节"快闪文本视频参考效果

素材位置： 素材\项目9\"五四青年节"快闪音频.mp3、"五四青年节"快闪文本.txt
效果位置： 效果\项目9\"五四青年节"快闪文本视频.aep、"五四青年节"快闪文本视频.avi

知识准备

米拉先将Text Force脚本安装到AE中，再翻阅记录了老洪介绍的脚本内容的笔记，研究Text Force脚本的使用方法，以及对应参数的作用。

1. 认识脚本

脚本是一系列的命令，用于让软件执行一系列任务。在大多数Adobe软件中，设计师都可以使用脚本来自动执行重复性或复杂计算等任务。

在AE中首次使用脚本时，需要选择【编辑】/【首选项】/【脚本和表达式】命令，打开"首选项"对话框，单击选中"允许脚本写入文件和访问网络"复选框，然后单击 确定 按钮，如图9-2所示。

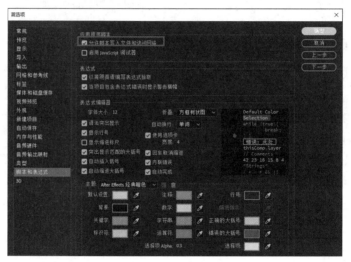

图9-2 "首选项"对话框

选择【文件】/【脚本】命令，在弹出的子菜单中可选择AE自带的脚本，也可以选择运行或安装脚本文件，如图9-3所示。若要安装脚本文件，可选择"安装脚本文件"命令，打开"打开"对话框，选择脚本文件（文件后缀名为".jsx"或".jsxbin"），然后单击 选择 按钮，再单击 确定 按钮完成安装，如图9-4所示。重启AE后可在【文件】/【脚本】的子菜单中看到新安装的脚本，选择对应的命令（与脚本名称相同）即可应用。

图9-3 子菜单

图9-4 安装脚本文件

安装脚本到"窗口"菜单项中

除了可以通过菜单命令安装脚本外，还可以直接将脚本文件复制到AE的安装路径——Adobe\Adobe After Effects 2021\Support Files\Scripts\ScriptUI Panels，重启AE后，选择【窗口】菜单项，可在其中找到新安装的脚本。

知识补充

2. 认识Text Force脚本

Text Force脚本能够快速创建、调整和动画化文本效果，可以让设计师更方便地管理与控制文本图层中的字符、单词和行的样式、大小和排列方式等。此外，设计师还可以导入音频文件，利用Text Force脚本生成针对音频的动态文本效果，让文本在视觉上达到与音频相符合的效果。

安装好Text Force脚本后，选择相应命令，可打开"Text Force"面板，如图9-5所示。

图9-5 "Text Force"面板

- **拆分方式：** 用于设置如何为文本图层生成动画。单击选中"字（空格）"单选项，可将空格隔开的文本单独拆分，并生成不同的动画；单击选中"行（回车）"单选项，可拆分每一行文本，并生成不同的动画；单击选中"单词和行"单选项，可随机选择按"字"或"行"拆分文本并生成动画；单击选中"段落"单选项，可为文本图层中的所有行生成同一个动画，且不会拆分图层；单击选中"单词&行&段落"单选项时，可随机选择"字""行""段落"生成动画。"居中"选项右侧的"H"复选框代表水平对齐（即文本沿水平方向对齐），"V"复选框代表垂直对齐（即文本沿垂直方向对齐）。

- **风格按钮：** 用于设置文本的动画样式。单击该按钮，打开"Style Options"对话框，在其中可设置Slide（滑动）、Mask Slide（滑动遮罩）、Track Slide（滑动轨道）、Blink（闪烁）、Flash Off（闪现）、Ping Pong（乒乓）、Zoom（快速移动）、Hyper Zoom（超级缩放）、Typewriter（打字机）9种动画样式，还可以调整部分动画样式的延迟、方向等。图9-6所示为Hyper Zoom的动画效果。

图9-6 Hyper Zoom的动画效果

- **覆盖按钮：** 单击该按钮，打开"覆盖"对话框，在其中可强制在所选图层上使用特定的动画样式或拆分方式。需要注意的是，若要采用特定的动画样式或拆分方式，需要先在对话框中单击相应的设置标记图层，然后生成动画。

- **时间：** 用于设置动画的播放速度。

- **"动画"按钮 Animate：** 单击该按钮，可按照所设置的相关参数拆分图层并生成动画。

- **"重置/更新"按钮：** 若文本图层已生成动画，单击该按钮可将文本图层重置到初始状态；若文本内容有修改，需要单击该按钮进行更新。

- **"对齐文本层"按钮：** 单击该按钮，打开"Alignment"对话框，在其中可以设置锚点的位置及文本对齐方式。

- **"单独的工具"按钮▦：**单击该按钮，可通过标点将长文本拆分为多个图层。
- **"设置"按钮▩：**单击该按钮，可打开"Setting"对话框，在其中查看该脚本的帮助说明。

⚒ 任务实施

1. 导入音频并划分节奏点

米拉准备先导入音频素材，然后利用脚本为其划分出节奏点，以便后续使用该音频的节奏来设置文本的动画时间，具体操作如下。

微课视频

导入音频并划分
节奏点

（1）新建名称为"'五四青年节'快闪文本视频"、尺寸为"1920像素×1080像素"、持续时间为"0:00:08:00"、背景颜色为"#FFFFFF"的合成。导入视频素材和音频素材，并将其拖曳至"时间轴"面板。

（2）选择【文件】/【脚本】/【Text Force.jsx】命令，打开"Text Force"面板，在"时间"栏中单击选中"音频"单选项，如图9-7所示。

（3）选择音频图层，然后单击"Text Force"面板中的[加载]按钮，AE将自动分析音频中的节奏点。分析完毕后，在"时间轴"面板中可发现该音频中的每个节奏点都已被标记，如图9-8所示。

图9-7 单击选中"音频"单选项

图9-8 为音频划分节奏点

2. 输入文本并制作快闪效果

接着米拉准备制作快闪效果，她先在文本文档中输入所有文本，并利用【回车】键拆分文本，再复制到AE中进行编辑，具体操作如下。

微课视频

输入文本并制作
快闪效果

（1）选择横排文字工具▩，在"字符"面板中设置字体为"方正兰亭特黑简体"，文本颜色为"#FBF593"，其他参数如图9-9所示。

（2）在画面中间输入"'五四青年节'快闪文本.txt"素材中的所有文本，然后为其添加"光泽"图层样式，并设置颜色为"#FF8400"，文本效果如图9-10所示。

（3）在"Text Force"面板中单击"对齐文本层"按钮▩，打开"Alignment"对话框，单击中间的➕按钮，如图9-11所示，使文本的锚点居中。

图9-9 设置文本格式

图9-10 输入文本并添加图层样式

图9-11 改变锚点位置

（4）在"Text Force"面板的"拆分方式"栏中，单击选中"行（回车）"单选项，然后单击下方的"动画"按钮 **Animate**，将自动拆分文本图层，并按照音频的节奏点调整图层的时长，同时为每个图层单独设置动画，从而生成快闪动画，如图9-12所示。

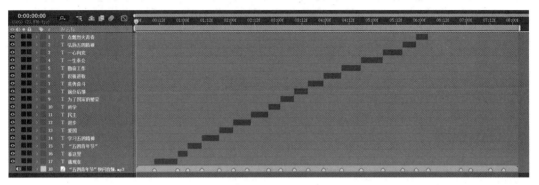

图9-12　生成快闪动画

（5）在"时间轴"面板中拖曳工作区域结尾至文本结尾处，再查看最终效果，如图9-13所示。然后按【Ctrl+S】组合键保存文件，并将文件命名为"'五四青年节'快闪文本视频"，最后输出AVI格式的视频。

图9-13　"五四青年节"快闪文本视频参考效果

设计素养

五四运动是我国近代史上的里程碑事件。新时代的设计师要从五四精神中汲取营养，肩负家国情怀赋予的责任与信仰，继承和发扬五四精神，刻苦学习，增长才干，全面提高自身素养，努力成为企业高质量发展的中坚力量，为新时代、新征程贡献青春力量。

课堂练习

制作促销快闪文本视频

效果预览

　　导入提供的素材，先为音频素材划分节奏点，然后输入提供的文本信息，适当调整文本大小，选择恰当的拆分方式，然后将文本图层拆分为多个图层，并分别生成不同的动画效果，最终完成促销快闪文本视频的制作。本练习的参考效果如图9-14所示。

六周年店庆　　走过路过　　应有尽有

图9-14　促销快闪文本视频参考效果

素材位置： 素材\项目9\促销快闪音频.mp3、促销快闪文本.txt

效果位置： 效果\项目9\促销快闪文本视频.aep、促销快闪文本视频.avi

任务9.2　制作汉字笔画拼合特效

　　米拉成功使用脚本完成了制作任务，于是老洪便将制作汉字笔画特效的任务交给她，并将Particular插件的安装包及安装教程发送给她，告诉她利用这个插件可以快速制作一些特殊效果。

 **任务描述**

任务背景	"汉字的魅力"是一档汉字类节目，以挖掘汉字魅力、传递汉字优秀传统文化为主旨，现需制作一个汉字笔画的特效，作为节目的舞台背景视频
任务目标	① 制作一个尺寸为1920像素×1080像素、时长为10秒的视频
	② 利用多个汉字的笔画制作背景动画，使背景具有传统文化元素
	③ 为"汉字的魅力"中的笔画单独制作动画，使其最终拼合成完整的汉字
知识要点	安装插件、应用Particular插件、绘制蒙版、摄像机、关键帧动画

　　本任务的参考效果如图9-15所示。

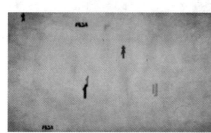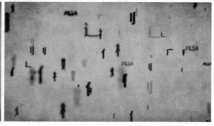

效果预览

图9-15　汉字笔画拼合特效参考效果

素材位置： 素材\项目9\复古背景.jpg、背景音乐.mp3

效果位置： 效果\项目9\汉字笔画拼合特效.aep、汉字笔画拼合特效.avi

知识准备

　　米拉根据老洪发送给她的教程安装好了Particular插件，但由于插件包含的内容较多，因此老洪建议她先了解该插件的核心内容，以便后续根据需求设置参数。

1. 认识插件

安装AE之后，除了可以使用官方内置的效果外，还可以安装插件，使用非官方的第三方效果。插件可以扩展AE的功能，实现一些AE本身无法实现的特效。AE中有部分以CC开头的效果分散在各个效果组中，这些效果原本属于Cycore Effects HD插件，后被内置到AE中，成为内置插件。

除了内置插件外，其他插件都称为外挂插件。对于部分外挂插件，设计师直接将插件文件复制到对应文件夹（默认为Adobe\Adobe After Effects 2021\Support Files\Plug-ins中），即可在AE中使用该插件；部分外挂插件则需要设计师执行安装程序后才能使用。

2. 认识Particular插件

Particular是Red Giant公司开发的Trapocde系列插件中的粒子插件之一，是基于网格的三维粒子插件，可以制作出各种有趣的粒子动画效果，如烟雾、火焰、爆炸、星星、雪花等。Particular插件由多个系统组成，下面主要介绍Emitter（发射器）、Particle（粒子）和Environment（环境）这3个核心系统及其主要参数。

（1）Emitter系统

Emitter系统可以控制粒子的发射源类型，改变粒子的初始排列方式、位置等。需要注意的是，Emitter系统控制的是所有粒子的整体情况，而非单个粒子。"Emitter"栏参数如图9-16所示，下面对部分关键参数进行说明。

图9-16 "Emitter"栏

- **Emitter Type（发射器类型）：**用于设置粒子发射源的初始形态，包括Point（点，粒子以一个点作为发射源进行发射，如图9-17所示，粒子从中间发射出来）、Box（盒子，粒子在一个立方体范围内发射，如图9-18所示，粒子从立方体中发射出来）、Sphere（球形，粒子在一个球体范围内发射，将球体中心点作为发射源）、Light(s)（灯光，粒子以灯光作为发射源）、Layer（图层，粒子以三维图层作为发射源）、3D Model（3D模型，粒子以3D模型作为发射源）、Text/Mask（文本/蒙版，粒子发射源为文本图层或者带有Mask蒙版路径的图层，以文本大小和Mask蒙版路径大小为粒子发射范围）。

图9-17 选择"Point"选项　　　　　　　　　　图9-18 选择"Box"选项

- **Emitter Behavior（发射器行为）：**用于设置粒子发射器在时间和空间上如何发射粒子，包括Continuous（持续）、Explode（爆炸）、From Emitter Speed（根据发射器的速度）、

Dynamic Form（动态形式）、Classic Form（经典形式）。

- **Particles/sec（粒子/秒）：** 用于设置每秒钟产生多少粒子。
- **Position（位置）：** 用于设置发射器的位置。
- **Direction（方向）：** 用于设置粒子的发射方向，包括Uniform（统一，粒子由发射源统一向四周发射，并均匀分布在画面中）、Directional（特定方向，粒子由发射源向某一个方向发射，如图9-19所示）、Bi-Directional（双向，粒子由发射源向两个相反的方向对称发射，如图9-20所示）、Dics（圆盘，粒子由发射源以圆盘的形状向四周发射）、Out wards（向外，粒子由发射源发射，发射方向为发射器原点向外）。

图9-19　选择"Directional"选项　　　　　　图9-20　选择"Bi-Directional"选项

- **X/Y/Z Rotation（X/Y/Z 旋转）：** 用于设置粒子在x轴、y轴、z轴上的旋转角度。
- **Velocity（速度）：** 用于设置发射粒子的速度。
- **Velocity Random（速度随机）：** 用于使粒子的速度随机化，使粒子效果更加真实和自然。
- **Velocity Distri（速度分布）：** 用于设置基础速度值，然后将该值应用于整个粒子系统，从而实现速度分布。通过此参数可以使所有粒子都以相似的速度运动。
- **Velocity from E（来自发射器运动的速度）：** 用于以粒子发射器的速度来控制粒子的运动。
- **Velocity over L（生命期内的速度变化）：** 用于控制粒子速度随着生命期的变化而发生的变化。

（2）Particle系统

Particle系统可以控制每个粒子的单独属性，比如粒子的大小、不透明度等。"Particle"栏参数如图9-21所示，下面对部分关键参数进行说明。

- **Life(seconds)（粒子生命）：** 用于设置粒子在视频画面中的显示时间。
- **Life Random（粒子生命随机）：** 用于随机延长或缩短粒子的显示时间。
- **Particle Type（粒子类型）：** 用于设置粒子的形状，包括Sphere（球形）、Glow Sphere(No DOF)（球形辉光）、Star(No DOF)（星形，如图9-22所示）、Cloudlet（云朵，如图9-23所示）、Streaklet（条痕状）、Sprite（精灵贴图，利用其他素材或者图层作为贴图来生成想要的粒子）。
- **Size（大小）：** 用于设置每个粒子的大小。
- **Size Random（大小随机）：** 用于随机控制粒子的大小。
- **Size Over Life（粒子一生的大小变化）：** 用于改变粒子在显示期间的大小。

图9-21　"Particle"栏

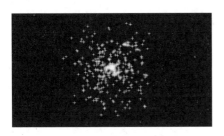
图9-22　选择"Star(No DOF)"选项

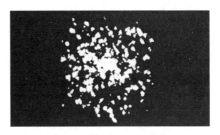
图9-23　选择"Cloudlet"选项

- **Opacity（不透明度）**：用于设置每个粒子的不透明度。
- **Opacity Random（不透明度随机）**：用于随机控制粒子的不透明度。
- **Opacity Over Life（粒子一生的不透明度变化）**：用于改变粒子在显示期间的不透明度。
- **Set Color（设置颜色）**：用于设置粒子颜色的类型，包括At Start（初始，颜色与生成时的颜色保持一致）、Over Life（一生，颜色会随时间变化而变化）、Random From Gradient（梯度随机，颜色从渐变中随机生成）、From Light Emitter（从灯光发射器获取颜色）。
- **Blend Mode(混合方式）**：用于设置粒子和粒子之间的混合模式，效果与图层混合模式类似。

（3）Environment系统

Environment系统可以模拟粒子在环境中受到的外界影响，增强粒子效果的真实程度。"Environment"栏参数如图9-24所示，下面对部分关键参数进行说明。

图9-24　"Environment"栏

- **Gravity（重力）**：用于模拟真实世界的重力影响。当参数为正数时，增加重力，粒子会往下落，如图9-25所示；当参数为负数时，减少重力，粒子会向上飞舞，如图9-26所示。

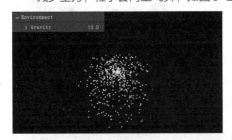
图9-25　重力为正数的效果

图9-26　重力为负数的效果

- **Wind X/Y/Z（风X/Y/Z）**：用于设置3个方向的风力场（风力场是指风力所在空间中，流动的空气在某一时刻的速度分布情况）。调整不同轴对应的参数，粒子就会在单个轴向的风力影响下，往该方向飘散。图9-27所示为粒子受 x 轴方向风力的效果，图9-28所示为同时粒子受 x 轴和 y 轴方向风力的效果。

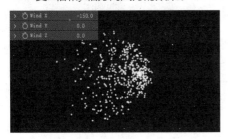
图9-27　受 x 轴方向风力的效果

图9-28　同时受 x 轴和 y 轴方向风力的效果

- **Air Density（空气密度）**：用于影响粒子在空气中的运动。该参数较低时，粒子移动较顺畅；反之，粒子则移动较缓慢。
- **Air Turbulence（空气湍流）**：用于设置粒子周围的空气湍流场，从而影响粒子的位置、方向及旋转等。

🔧 任务实施

1. 使用笔画制作背景

米拉准备先创建包含笔画的文本图层，然后利用插件将笔画作为粒子进行发射，再适当调整粒子的效果，制作出背景，具体操作如下。

（1）新建名称为"笔画"、尺寸为"200像素×200像素"、持续时间为"0:00:00:10"、背景颜色为"#FFFFFF"的合成。

（2）选择横排文字工具 **T**，设置字体为"方正正大黑简体"，字体大小为"180像素"，文本颜色为"#000000"，输入"你"文本。选择钢笔工具 ✏️，在选中文本图层的状态下，围绕"你"字左侧的笔画绘制蒙版，使该文本只显示出部分笔画，然后将笔画移至画面中间，前后对比效果如图9-29所示。

（3）使用与步骤（2）相同的方法再创建9个文本图层，分别输入"避""样""她""利""福""庞""想""灿""胜"文本，然后抠取其中的部分笔画，部分笔画的抠取效果如图9-30所示。

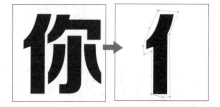

图9-29 为"你"文本绘制蒙版的前后对比效果

图9-30 抠取多个文本的笔画

（4）设置所有图层的持续时间为"0:00:00:01"，然后选择所有文本图层，选择【动画】/【关键帧辅助】/【序列图层】命令，使每一帧的画面都不同，如图9-31所示。

图9-31 序列图层

（5）新建名称为"汉字笔画拼合特效"、尺寸为1920像素×1080像素、持续时间为"0:00:10:00"、背景颜色为"#FFFFFF"的合成，拖曳"笔画"合成至该合成中，然后隐藏"笔画"图层。

（6）创建一个黑色的纯色图层并重命名为"粒子"，选择【效果】/【RG Trapcode】/【Particular】命令，在"效果控件"面板中展开"Particle"栏，先设置Particle Type为"Sprite"，然后展开下方的"Sprite Controls"栏，设置Layer为"2.笔画"，Time Sampling为"Random-Still Frame"，如图9-32所示。

（7）在下方调整粒子的大小和不透明度，并为其添加随机性，如图9-33所示。将时间指示器移至
0:00:03:00，查看粒子效果，如图9-34所示。

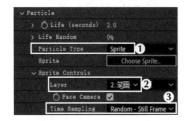

图9-32 设置粒子类型　　　　　　图9-33 设置粒子大小和不透明度　　　　　　图9-34 粒子效果

（8）展开"Emitter"栏，设置Emitter Type为"Box"，然后在下方调整发射器的大小、发射方向及
速度等参数，如图9-35所示，笔画的发射效果如图9-36所示。

图9-35 设置发射器　　　　　　　　　　图9-36 笔画的发射效果

（9）将"粒子"图层转换为三维图层，新建一个双节点摄像机，为其开启景深，并分别设置焦距、光圈
和模糊层次为"3000像素""300像素""200%"，让背景产生模糊的效果，如图9-37所示。

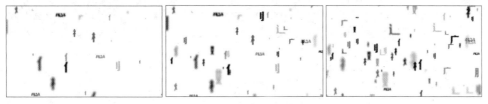

图9-37 背景效果

（10）拖曳"复古背景.jpg"素材至"时间轴"面板底部，并修改不透明度为"70%"。

2. 拼合文本笔画

米拉制作好视频背景后，准备为其制作一个逐渐模糊的动画，然后拆分"汉字
的魅力"文本中的笔画，再结合位置和不透明度属性为文本笔画制作拼合动画，具
体操作如下。

微课视频

拼合文本笔画

（1）选择除"复古背景"图层外的所有图层，预合成为"背景"预合成，选择
【效果】/【模糊和锐化】/【高斯模糊】命令，分别在0:00:04:00和0:00:05:00处添加模糊度属
性为"0"和"30"的关键帧，使其逐渐变得模糊，模糊效果如图9-38所示。

（2）选择横排文字工具 **T**，设置字体为"方正正大黑简体"，字体大小为"280像素"，文本颜色为
"#FFFFFF"，分别输入"汉""汉""字""字""的""的""魅""魅""力"文本，接着应
用"投影"图层样式并保持默认设置，再分别绘制蒙版，然后适当调整位置，如图9-39所示。

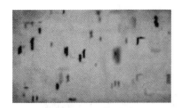

图9-38　设置模糊效果

图9-39　输入文本并绘制蒙版

（3）将时间指示器移至0:00:06:00处，选择所有文本图层，开启位置和不透明度属性关键帧。然后将时间指示器移至0:00:05:00处，向上或向下调整各个笔画的位置，再设置不透明度为"0%"，制作相关动画。

（4）根据文本出现的顺序，依次调整位置和不透明度属性关键帧的位置，图9-40所示为部分图层的关键帧位置。

图9-40　部分图层的关键帧位置

（5）拖曳"背景音乐.mp3"素材至"时间轴"面板，最终效果如图9-41所示。然后按【Ctrl+S】组合键保存文件，并将文件命名为"汉字笔画拼合特效"，最后输出AVI格式的视频。

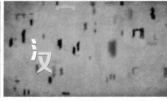

图9-41　汉字笔画拼合特效的效果

制作发射音符特效

课堂练习

　　导入提供的素材，先为音符素材创建相应时长的合成，然后调整每个音符素材的时长、入点和出点，使每一帧的音符都不同；新建合成并添加背景素材，利用Particular插件制作发射音符的特效，并适当调整音符的发射效果。本练习的参考效果如图9-42所示。

效果预览

图9-42　发射音符特效参考效果

素材位置： 素材\项目9\背景.mp4、音符

效果位置： 效果\项目9\发射音符特效.aep、发射音符特效.avi

综合实战　制作店铺活动视频广告

米拉感受到了脚本和插件的魅力，但部分操作还不是特别熟练，因此老洪将制作店铺活动视频广告的任务交给米拉，让她通过实践操作积累更多应用脚本和插件的经验。

实战描述

实战背景	适奇旗舰店是一家以售卖各类鞋子为主的店铺，现分店即将开业，为增强宣传效果，分店负责人准备制作一则活动视频广告，让更多消费者能够前来参与店铺活动
实战目标	①制作尺寸为1920像素×1080像素、时长为10秒左右的视频广告
	②优化视频背景，如添加光效，为其增添美观度
	③为文本制作快闪效果，增强视频画面的视觉表现力
	④为鞋子款式文本添加对应的鞋子图像，使消费者能够更加直观地看到商品信息
知识要点	应用 Text Force 脚本、应用 Particular 插件

本实战的参考效果如图9-43所示。

效果预览

图9-43　店铺活动视频广告参考效果

素材位置： 素材\项目9\店铺活动文本.txt、彩色背景.mp4、广告音频.mp3、鞋子素材

效果位置： 效果\项目9\店铺活动视频广告.aep、店铺活动视频广告.avi

思路及步骤

设计师可以利用Particular插件为视频背景制作闪光效果，然后利用Text Force脚本为文本制作快闪效果，再添加商品图像与相应文本形成呼应，最后在视频广告片头利用Particular插件制作一个烟花特效。本例的制作思路如图9-44所示，参考步骤如下。

① 制作视频背景

② 输入文本并制作快闪效果

③ 添加和调整图像

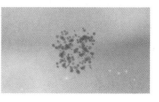

④ 制作烟花特效

图9-44　制作店铺活动视频广告的思路

（1）新建合成，导入素材，使用插件为视频背景制作闪光效果。

（2）输入文本，适当调整文本的字体、大小、颜色等，并应用图层样式。

（3）使用脚本拆分文本图层，并为每行文本制作动画效果。

（4）添加图像素材，适当调整图像的大小和时长，并分别与文本对应，再调整文本和图像的位置。

（5）使用插件在片头制作粒子上升和粒子爆炸特效，模拟烟花效果。

（6）添加背景音乐，保存与命名文件，并输出AVI格式的视频。

微课视频

制作店铺活动视频广告

课后练习　制作企业招聘视频广告

　　拾之趣文化有限公司是一家以平面设计、UI设计、环境设计等为主要业务的企业。临近大学毕业季，该企业准备招聘相关技术人员，需要设计师为其制作一则招聘视频广告，尺寸要求为1920像素×1080像素。设计师可以采用渐变图层作为视频的背景，使用插件制作装饰动画，然后利用脚本制作快闪文本效果，使视频更具冲击力和吸引力，参考效果如图9-45所示。

效果预览

图9-45　企业招聘视频广告参考效果

素材位置： 素材\项目9\企业招聘文本.txt

效果位置： 效果\项目9\企业招聘视频广告.aep、企业招聘视频广告.avi

项目10
商业设计案例

情景描述

在实习期间，米拉既展示出了扎实的技术能力，又表现出积极主动的工作态度，与同事紧密协作，完成了一个又一个项目。随着实习期的结束，米拉凭借着不断提升的技能和日渐丰富的经验成功转正，成为公司的正式员工，开始负责更加复杂的商业设计案例。

老洪给米拉安排了多种不同类型的影视编辑任务，他希望米拉能够灵活运用自己所掌握的知识和技能，创造出精美的、高度符合客户需求的视频，以更好地适应商业设计的要求。

案例展示

任务10.1 《森林防火》公益宣传片

🔍 案例准备

项目名称	《森林防火》公益宣传片		接受部门：设计部	接受人员：米拉
项目背景	近年来，全球气候异常，森林火灾频发。这些火灾造成了不可估量的生命和财产损失，严重威胁着社会的安全和稳定。此外，随着人类对森林资源的不断开发，森林资源也变得越来越稀缺。因此，为加强对森林资源的保护，提高大众的环保意识，某镇宣传部门准备制作一则公益宣传片，以呼吁大众积极参与到森林防火中来，共同保护生态环境和人类家园			
基本信息	● 单位：某镇宣传部门 ● 视频类型：公益宣传片 ● 宣传片主题：严防森林火灾，保护绿色家园			
客户需求	● 内容以提供的实景拍摄视频素材为主，真实地表现出森林的原生态美 ● 需要强调"森林防火"的核心内容，还需表明制作单位 ● 视频转场衔接流畅 ● 文案简明易懂，与视频画面相对应，并有较强的说服力和感染力，能够激发大众的思想共鸣			
项目素材	视频素材： 火1　　　火2　　　绿色　　　森林　　　太阳　　　云雾			
作品清单	宣传片源文件和AVI格式的视频各1份，尺寸为1280像素×720像素，时长为20秒左右			

📦 案例构思及制作思路

1. 案例构思

● **视频内容构思：** 提供的视频素材中有两个关于火的视频，一个展示的是温暖的火焰，另一个展示的是危险的森林火灾；另外还有4个关于森林的视频。设计师可以先使用两个关于火的视频引出该公益宣传片的主要内容，然后切换到关于森林的视频，以突出生态环境的优美。另外，设计师可以在每个视频画面之间添加过渡效果，让视频画面之间衔接自然。

● **视频画面美化：** 查看视频画面的色彩，可发现部分画面较为暗淡，不够美观，因此可以适当进行美化，如调整画面的亮度、饱和度等参数，使画面更加美观，也使公益宣传片更具吸引力和观赏性。

● **视频文本设计：** 字幕内容应简练、明确、易懂，并与视频画面紧密联系。例如，通过"火，可以带来温暖""同样也会带来灾难"文本引出火灾所造成的伤害，通过"守好一片林""珍惜一片绿"点明公益宣传片的主题，最后以"爱护我们的家园"向大众发出呼吁。在片尾处，公益宣传片的主题文本可放大居中展示，单位名称文本可缩小放在主题文本右下角。所有文本都可采用较为正式、规整的字体，如方正兰亭中黑简体、方正正大黑简体等，并利用图层样式增强视觉表现力。

- **文本动画设计：** 为增强文本对于大众的冲击感，可将片尾的主题文本逐渐放大，以吸引观众；为字幕文本和单位名称文本制作较为简单的动画，使其逐渐展示。
- **音频设计：** 为方便观众理解公益宣传片的内容，可根据文本内容添加严肃、沉稳的配音效果，增强公益宣传片的说服力和感染力。

本案例的参考效果如图10-1所示。

效果预览

图10-1 《森林防火》公益宣传片参考效果

素材位置： 素材\项目10\公益宣传片素材

效果位置： 效果\项目10\《森林防火》公益宣传片.aep、《森林防火》公益宣传片.avi

2. 制作思路

制作《森林防火》公益宣传片时，可调整视频播放顺序和速度，然后应用过渡效果为视频画面制作转场，利用颜色校正效果美化视频画面，再输入字幕、主题及单位文本，应用图层样式美化部分文本，并为不同的文本制作不同的动画，最后添加并调整音频，制作过程参考图10-2 ~图10-9。

微课视频

《森林防火》公益宣传片

图10-2 调整视频播放顺序和速度

图10-3　应用过渡效果

图10-4　调整视频画面的色彩

图10-5　输入字幕文本并应用图层样式

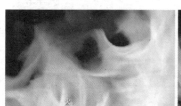
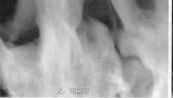

图10-6　应用文本动画预设

图10-7 输入并编辑片尾文本　　　　　　　　图10-8 分别为文本制作动画

图10-9 添加并调整音频

任务10.2 《美食小当家》综艺节目片头

案例准备

项目名称	《美食小当家》综艺节目片头	接受部门：设计部	接受人员：米拉
项目背景	随着人们生活水平的提高，美食、旅游类综艺节目在近年来也越来越受到观众的喜爱。《美食小当家》是一档以美食和旅游为看点的综艺节目，嘉宾在旅途中可以体验到当地独特的饮食文化，该综艺节目的整体氛围轻松、愉快，观众也能够身临其境地感受不同的文化和风土人情。由于新一季的综艺节目选定在海岛录制，因此需要设计师为该综艺节目制作一个全新的片头		
基本信息	● 综艺节目名称：美食小当家 ● 综艺节目类型：美食、旅游类 ● 综艺节目主旨：好好吃饭，认真生活 ● 综艺节目录制地点：海岛		
客户需求	● 以综艺节目录制地点的地理特征展开设计，贴合综艺节目悠闲、轻松的氛围 ● 采用MG动画风格，搭配轻快的背景音乐 ● 片头内容具有创意，效果精美、流畅 ● 视频画面简洁，视频节奏紧凑，快速传递综艺节目信息		
项目素材	● 图像素材： 建筑　　轮船　　美食　　片头Logo　　小素材 ● 视频素材： 背景　　海豚　　石头　　小岛　　云　　纸飞机		
作品清单	片头源文件和AVI格式的视频各1份，尺寸为1280像素×720像素，时长为15秒左右		

案例构思及制作思路

1. 案例构思

- **开头动画构思：** 为了制作出画面简洁且具有视觉表现力的片头动画，可利用图像、形状等元素制作动画，引出后续的内容，并合理运用素材的风格和色调，以使整个片头动画更加协调和谐。

- **动画场景构思：** 由于新一季的综艺节目是在海岛录制的，因此可以制作与海岛相关的场景，如立体的水面，然后搜集与"旅游"和"美食"相关的素材，再将其分别融入海岛场景，并添加文本进行说明，使观众能够更加明确该综艺节目的主旨。

- **结尾动画构思：** 为了让观众留下深刻的印象，在结尾处需要通过一个动画来引导观众的视线，如以一个纸飞机的飞行动画作为过渡，切换到结尾的背景，最后展示出该综艺节目的Logo和主旨。

- **音频设计：** 为了契合该综艺节目欢快的风格，可以添加轻快的背景音乐，并适当调整音量，为音频制作淡入淡出的效果。

本案例的参考效果如图10-10所示。

效果预览

图10-10 《美食小当家》综艺节目片头参考效果

素材位置： 素材\项目10\综艺节目片头素材

效果位置： 效果\项目10\《美食小当家》综艺节目片头.aep、《美食小当家》综艺节目片头.avi

2. 制作思路

制作《美食小当家》综艺节目片头时，可先结合提供的素材，利用各个纯色图层和形状图层的不同属性制作关键帧动画，再利用过渡效果制作动画；利用多种特殊效果模拟海平面的波浪效果，然后利用三维图层制作立体效果，再分别制作以"旅游"和"美食"为主题的海岛场景动画；接着制作纸飞机的飞行动画，再展示出节目的Logo和主旨；最后添加音频并调整音量，为其制作淡入淡出效果。制作过程

微课视频

《美食小当家》综艺节目片头

参考图10-11～图10-18。

图10-11 使用形状图层制作圆圈动画

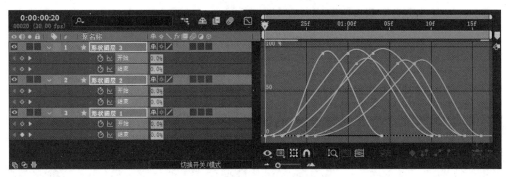

图10-12 复制图层并调整关键帧图表

图10-13 利用形状图层和特殊效果制作方格圈动画

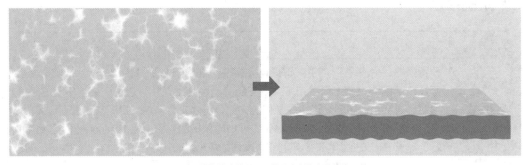

图10-14 结合特殊效果和三维图层制作立体的海面效果

图10-15 搭建"旅游"主题场景并制作动画

图10-16　搭建"美食"主题场景并制作动画

图10-17　制作纸飞机飞行动画和Logo展现动画

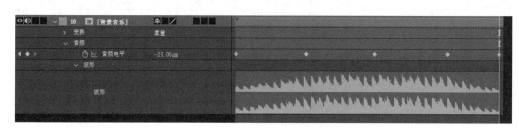

图10-18　添加并调整音频

任务10.3　《端午（粽子篇）》纪录片

案例准备

项目名称	《端午（粽子篇）》纪录片	接受部门：设计部	接受人员：米拉
项目背景	随着精神文明建设工作的持续开展，越来越多的人开始关注传统文化。在此背景下，某宣传部门决定制作以"端午"为主题的一系列纪录片，通过介绍端午节的来源、习俗等内容，让更多人了解中国传统文化，增强文化自信，提高文化素养和审美水平，为推动中国传统文化的传播和发展做出积极的贡献。目前该宣传部门已经拍摄好了粽子的相关视频，需要先制作该系列纪录片中的"粽子篇"		
基本信息	● 视频类型：纪录片 ● 视频主题：端午——粽子篇		
客户需求	● 要在片头表明该视频属于系列纪录片中的"粽子篇" ● 根据粽子的制作流程，按照正确的顺序剪辑视频 ● 需要介绍粽子的历史渊源、制作方法等 ● 纪录片整体节奏平缓，塑造传统文化氛围		

项目素材	● 图像素材： 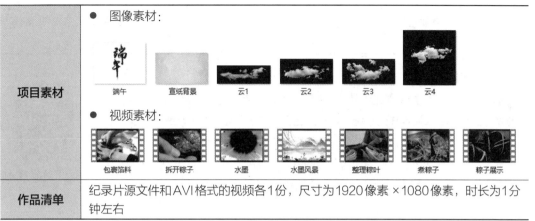 端午　　宣纸背景　　云1　　云2　　云3　　云4 ● 视频素材： 包裹馅料　拆开粽子　水墨　水墨风景　整理粽叶　煮粽子　粽子展示
作品清单	纪录片源文件和AVI格式的视频各1份，尺寸为1920像素×1080像素，时长为1分钟左右

案例构思及制作思路

1. 案例构思

- **片头构思：** 片头可采用具有传统元素的宣传图像作为背景，然后添加一些半透明的云作为装饰；片头末尾逐渐展示出系列纪录片的主题"端午"和该视频的主要内容"粽子篇"，其中"端午"文本可结合水墨晕染的素材制作文本动画，"粽子篇"文本则可结合蒙版制作从左至右逐渐展示的动画效果。

- **正片构思：** 根据客户需求来确定视频素材的顺序，然后美化部分视频素材的画面效果，使色彩更加明亮，让粽子更具吸引力；为了让观众有良好的观感，可在不同片段之间采用较为平缓的过渡效果，如"线性擦除"效果。

- **文本构思：** 本片文本可从粽子的来源、主要材料、口味、发展历程等方面构思，如"粽子是由粽叶包裹糯米通过蒸或煮所形成的食品""粽子的主要材料是糯米和各种馅料""根据各地的饮食习惯可以分为咸粽和甜粽两种""最初是祭祀祖先神灵的贡品""端午食粽之风俗千百年来在中国盛行不衰"等，让观众在看完纪录片后，能够加深对粽子的了解。

- **音频设计：** 由于视频跟传统文化相关，因此可采用较为舒缓、轻柔的音乐作为背景音乐，再根据文本内容添加自然、清晰的解说音频，使其与背景音乐融合，以引发观众在情感上的共鸣。

本案例的参考效果如图10-19所示。

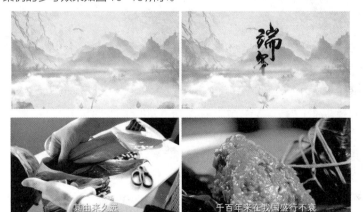

效果预览

图10-19 《端午（粽子篇）》纪录片参考效果

素材位置： 素材\项目10\纪录片素材

效果位置： 效果\项目10\《端午（粽子篇）》纪录片 .aep、《端午（粽子篇）》纪录片 .avi

2．制作思路

  制作《端午（粽子篇）》纪录片的片头时，可先结合水墨风景视频和宣纸图像制作背景，然后为云朵制作移动动画，再分别结合水墨视频素材和蒙版为片头文本制作动画，再将所有图层预合成并应用过渡效果；在制作正片时，可先调整粽子相关视频的播放顺序和速度，然后为视频画面调色，并应用过渡效果，再输入并调整字幕文本；最后添加并调整音频。制作过程参考图 10-20 ～图 10-31。

微课视频

《端午（粽子篇）》
纪录片

图10-20 叠加宣纸图像   图10-21 添加并调整多个云的图像

图10-22 为多个云的图像制作移动动画

图10-23 利用水墨视频为"端午"文本制作动画   图10-24 制作蒙版动画

图10-25 将图层预合成并应用过渡效果

图10-26　添加视频素材并调整播放顺序和速度

图10-27　为视频画面调色

图10-28　在视频片段之间应用过渡效果

图10-29　输入字幕文本并应用图层样式

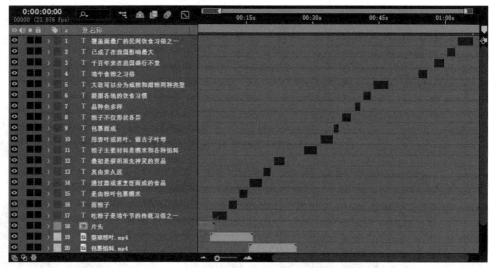

图10-30　调整文本的时长、图层入点及工作区域的范围

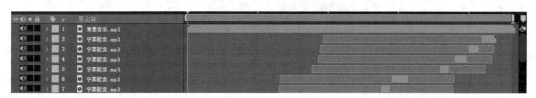

图10-31　添加并调整音频

任务10.4　安心牛奶视频广告

案例准备

项目名称	安心牛奶视频广告	接受部门：设计部	接受人员：米拉
项目背景	安心牛奶是某品牌旗下的热门商品之一，该品牌一直致力于提供优质、健康的乳制品，满足消费者需求，让消费者安心。近期，安心牛奶为了增加消费者对产品的信任度和购买意愿，同时改善品牌形象和认可度，需要设计师为其制作一个视频广告，以发布到多个媒体平台中推广		
基本信息	● 商品名称：安心牛奶 ● 宣传语：安心牛奶，让您买得安心，喝得放心 ● 商品卖点：优质牧场；超100项严苛质检标准；质地稠密，富含蛋白质、钙等营养成分；口感丝滑，奶香浓郁		
客户需求	● 视频广告中除了需要展示安心牛奶的卖点外，同时还要强调品牌的宣传语，从而引发消费者的共鸣和信任 ● 展现牧场中的奶牛形象，以及在乳制品生产过程中采用的严格质量控制措施和一系列检测标准等内容 ● 视频画面效果美观，视觉印象深刻		

项目素材	● 图像素材： 背景　　牛奶 ● 视频素材： 倒牛奶　　牧场　　牛奶倒入谷物　　牛奶生产线　　牛奶特写　　早餐
作品清单	视频广告源文件和AVI格式的视频各1份，尺寸为1920像素×1080像素，时长为20秒左右

案例构思及制作思路

1. 案例构思

- **视频内容构思：** 在视频广告的片头处，采用"倒牛奶"视频以及商品名称文本"安心牛奶"来点明视频的主要内容，接着通过"牧场""牛奶生产线""牛奶特写"3段视频，分别介绍牧场的实际状况、生产线中的严格措施及牛奶的特点；再通过"早餐""牛奶倒入谷物"视频展示出牛奶的两种食用方法；在片尾处展示牛奶包装、商品名称及宣传语，以加强消费者对该商品的印象。

- **文本构思：** 根据画面内容添加对应的文案，如在"牧场"视频中可以添加"来自精心筛选的优质牧场"文本，在"牛奶生产线"视频中可以添加"经过严格的质量检测，超100项严苛标准"文本，在"牛奶特写"视频中可以添加"质地稠密，富含蛋白质、钙等营养成分"等文本。

- **动画构思：** 在展示食用方法时，可以制作分屏效果，分别展示不同的视频及对应文本的动画；在片尾处，可以先展示牛奶包装并制作缩放动画，以加强视频的视觉效果，使牛奶更加突出，再依次为品牌名称和宣传语制作文本动画。

- **音频设计：** 为增强广告的吸引力，可为其添加较为欢快的背景音乐，使广告更生动；再为字幕添加配音，让消费者能够更好地理解广告内容。

本案例的参考效果如图10-32所示。

素材位置： 素材\项目10\视频广告素材

效果位置： 效果\项目10\安心牛奶视频广告.aep、安心牛奶视频广告.avi

效果预览

图10-32 "安心"牛奶视频广告参考效果

2．制作思路

制作安心牛奶视频广告时，可先调整视频素材的播放顺序和速度，然后调整部分视频画面的色彩，再添加并调整文本；接着为牛奶食用方法的画面制作分屏效果及展示动画；在视频广告片尾，添加背景图像并应用过渡效果，然后抠取牛奶并为其制作动画，再使用动画预设为片尾文本制作动画；最后添加并调整音频。制作过程图参考图10-33～图10-41。

微课视频

安心牛奶视频广告

图10-33 添加视频素材并调整播放顺序和速度

图10-34 调整视频画面的色彩

图10-35 为不同的视频片段添加文本并调整

图10-36 制作分屏效果及展示动画

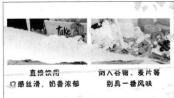

图10-37 添加背景图像并应用过渡效果

图10-38 抠取牛奶

图10-39 输入片尾文本

图10-40　分别为牛奶和文本制作动画

				图名称	入	出	持续时间	伸缩	
		>	1	字幕配音.mp3	0:00:17:04	0:00:20:00	0:00:02:22	100.0%	
		>	2	字幕配音.mp3	0:00:08:08	0:00:12:07	0:00:03:00	90.0%	
		>	3	字幕配音.mp3	0:00:06:07	0:00:09:06	0:00:03:00	90.0%	
		>	4	字幕配音.mp3	0:00:04:00	0:00:06:01	0:00:02:02	90.0%	
		>	5	背景音乐.mp3	0:00:00:06	0:02:22:06	0:02:22:01	100.0%	

图10-41　添加并调整音频

任务10.5　《智慧城市》短片

案例准备

项目名称	《智慧城市》短片		接受部门：设计部	接受人员：米拉
项目背景	随着人口数量的不断增加和城市化进程的推进，城市发展面临着诸多挑战，如交通堵塞、环境污染、资源短缺等。智慧城市是指运用先进技术，打造智能系统，实现城市各项事务的高效管理，从而提高城市生活质量，减少环境污染，降低资源消耗。某城市宣传部准备制作一则以"智慧城市"为主题的短片，旨在引起人们的广泛关注和讨论，为智慧城市的发展献力献策，推动未来智慧城市的建设和发展			
基本信息	● 视频类型：短片 ● 视频主题：智慧城市 ● 视频主旨：共建新型智慧城市，助力实现美好生活 ● 关键词：物联网、云计算、大数据、智能化、信息化、低碳化			
客户需求	● 短片风格契合主题，并具有科技感 ● 将视频主题和关键词融入视频画面中，让观众能够从中获取与智慧城市相关的信息 ● 需要在短片结尾展示出短片的主旨，以加深观众的印象，让观众能够明白该短片的制作目的			
项目素材	视频素材： 大桥　　高楼　　光线拖尾粒子　　建筑 蓝色粒子线条　　数据流1　　数据流2　　圆形线条			
作品清单	短片源文件和AVI格式的视频各1份，尺寸为1920像素×1080像素，时长为20秒左右			

案例构思及制作思路

1. 案例构思

- **视频内容构思：** 分析视频素材的画面后，可分别将短片主题和关键词文本添加到建筑表面和河面上，让文本融入视频画面中。按照客户的需求，结尾需要展示"共建新型智慧城市，助力实现美好生活"文本，可将"建筑"素材作为结尾处的视频画面。

- **视频效果构思：** 在结尾处为短片主旨的文本制作放大并逐渐展示的动画，以起到强调作用。为了营造出科技感和未来感，可添加数据流的动画作为装饰，同时还能提升视觉效果。另外，还可以在视频画面中添加粒子光效，通过粒子光效的移动有效引导观众的视线，从而强调短片主旨。

- **音频设计：** 可选择一些旋律轻快、氛围欢快的背景音乐，从而感染观众，让观众感受到充满希望和活力的氛围。

本案例的参考效果如图10-42所示。

效果预览

图10-42 《智慧城市》短片参考效果

素材位置： 素材\项目10\短片素材

效果位置： 效果\项目10\《智慧城市》短片.aep、《智慧城市》短片.avi

2. 制作思路

制作《智慧城市》短片时，可先调整城市相关视频素材的播放顺序和速度，然后使用3D摄像机跟踪器分析视频素材，根据分析后产生的跟踪点创建实底和摄像机，再将实底替换为视频主题和关键词文本；接着在结尾处输入并调整主旨文本，并为其制作动画效果；然后添加数据流和粒子光效的视频，并选择合适的混合模式，再使用调整图层调整所有图层的色调；最后添加并调整音频。制作过程参考图10-43～图10-49。

微课视频

《智慧城市》短片

图10-43 添加城市相关视频素材并调整播放顺序和速度

图10-44　分析视频素材

图10-45　创建实底和摄像机

图10-46　替换文本

图10-47　输入主旨文本并制作动画

图10-48　添加并调整视频素材

图10-49　添加并调整音频

设计素养

　　党的二十大报告指出"加强城市基础设施建设，打造宜居、韧性、智慧城市"。一个信息化、智能化、可持续发展的城市生态系统可以提高城市管理和服务水平，改善人们的生活质量。设计师利用影视编辑的相关技术，可以将虚拟的智慧城市场景和实际拍摄的视频画面结合，使得大众能够更加直观、形象地感受智慧城市的发展方向和美好前景，加深对智慧城市的认知和理解，从而鼓励大众参与到智慧城市的建设中，共同推动新时代的文化创新和城市建设。

任务10.6 《非遗之美》栏目包装

案例准备

项目名称	《非遗之美》栏目包装	接受部门：设计部	接受人员：米拉
项目背景	如今，国家越来越重视非遗文化的保护和传承，这也使得非遗文化开始被更多人关注和熟知。《非遗之美》是一个宣传中国传统非物质文化遗产的栏目，旨在向全国人民展示中国非遗文化的魅力，唤起人们对非遗文化的浓厚兴趣，现需设计师设计一个栏目包装，以方便推广		
基本信息	● 视频类型：栏目包装 ● 栏目名称：非遗之美 ● 栏目主旨：促进非遗文化的保护与传承		
客户需求	● 将提供的多个非遗视频素材融入栏目包装中，真实而生动地呈现非遗的魅力 ● 在视频中添加有关非遗保护和传承的文本，让观众在观看的过程中能够快速了解到栏目的主旨和重点 ● 视频需要体现出浓厚的传统文化气息		
项目素材	● 图像素材： 背景 ● 视频素材： 波纹　　川剧变脸　　古法大锅熬制井盐结晶　　民俗传统舞狮　　皮影戏　　手工银器制作　　手工织布　　糖画		
作品清单	栏目包装源文件和AVI格式的视频各1份，尺寸为1920像素×1080像素，时长为15秒左右		

案例构思及制作思路

1. 案例构思

- **视频内容构思：** 在《非遗之美》栏目包装的开头可以先依次展示多个非遗项目的视频，并在每个视频的过渡部分添加文本，以吸引观众的注意并使其留下深刻印象；视频结尾以展示栏目名称为主，画面简洁大方、色彩搭配合理。

- **文本构思：** 为契合栏目主旨，文本内容需要准确地传达信息、表达主题，同时也要通俗易懂，因此可添加"多彩非遗 魅力文化""心之所向 匠之以成""精彩非遗 文化瑰宝"等文本，寓意深刻简明，能够让观众快速了解其中的含义。

- **效果构思：** 为了更好地营造传统文化的氛围，可以对素材进行适当的调色处理，如使结尾的背景及文本略微泛黄，以产生一种古朴、温馨的视觉效果；另外，还可以为结尾的文本添加动画效果，使文本的展示更加生动形象。

- **音频设计：** 为营造出温情和谐的氛围，让观众感受到非遗文化背后的深意，可以选择风格柔和、温暖的背景音乐。

本案例的参考效果如图10-50所示。

效果预览

图10-50 《非遗之美》栏目包装参考效果

素材位置： 素材\项目10\栏目包装素材

效果位置： 效果\项目10\《非遗之美》栏目包装.aep、《非遗之美》栏目包装.avi

2. 制作思路

制作《非遗之美》栏目包装时，可以先添加视频素材并保留部分片段，然后利用序列图层调整播放效果，再在切换不同视频画面时添加文本；接着添加背景图像并应用过渡效果，以及调整背景图像和波纹视频的色调，并结合文本图层和遮罩功能为标题文本设计样式；最后添加并调整音频。制作过程参考图10-51～图10-56。

微课视频

《非遗之美》栏目
包装

图10-51 添加并调整视频素材

图10-52 添加文本

图10-53 添加背景图像并应用过渡效果

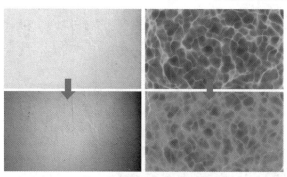 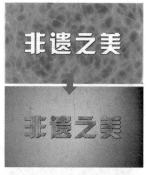

图10-54 调整背景图像和波纹图像的色调　　　图10-55 使用遮罩制作标题文本

图10-56 添加并调整音频

任务10.7 赛博朋克风格科幻电影特效

案例准备

项目名称	赛博朋克风格科幻电影特效	接受部门：设计部	接受人员：米拉
项目背景	赛博朋克风格一般应用紫红色、蓝色、青色等色彩，并通过冷暖色的强烈对比产生强烈的视觉冲击，常与网络、高科技、人工智能、虚拟现实等主题相关。某电影摄制组拍摄了一段城市视频，准备为其添加具有赛博朋克风格的科幻电影特效，以作为电影中的片段		

续表

基本信息	● 视频风格：赛博朋克 ● 视频类型：电影特效
客户需求	● 为视频画面添加动态的元素，画面色调为红蓝相间 ● 视频画面的色彩鲜艳、明亮，具有强烈的的科技感
项目素材	视频素材： 城市视频　　动态元素　　发光箭头　　科技元素　　扫描
作品清单	特效源文件和AVI格式的视频各1份，尺寸为1920像素×1080像素，时长为10秒左右

案例构思及制作思路

1. 案例构思

● **视频画面构思：** 将搜集到的视频素材分别融入"城市视频"素材中，其中"动态元素"素材可以放置在视频画面的左下角，同时保持其三维立体效果；"发光箭头"素材可以放置在车道中，并根据道路的行驶方向调整箭头的方向；"科技元素""扫描"素材可以放置在建筑的表面。

● **视频色彩构思：** 为契合赛博朋克风格，可根据需要调整各个素材的色彩，最后再调整视频整体的色调，使色调以红色和蓝色为主。

● **音频设计：** 赛博朋克风格强调科技感与未来感，因此背景音乐可采用强烈的电子音乐，营造出沉浸感和紧张感。

本案例的参考效果如图10-57所示。

图10-57　赛博朋克风格电影特效参考效果

效果预览

　素材位置： 素材\项目10\电影特效素材

效果位置： 效果\项目10\赛博朋克风格科幻电影特效.aep、赛博朋克风格科幻电影特效.avi

2. 制作思路

制作赛博朋克风格科幻电影特效时，可以先利用3D摄像机跟踪器分析"城市视频"素材，然后根据跟踪点为视频画面中的各个区域创建实底及摄像机；将所有实底替换为视频素材中的各个科技元素，调整大小、位置、数量和色彩等，并选择合适的混合模式；最后调整视频整体的色调，再添加并调整音频。制作过程图参考图10-58 ~图10-62。

图10-58 分析视频素材

图10-59 创建实底和摄像机

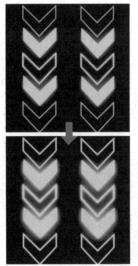 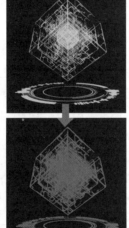 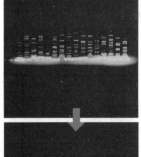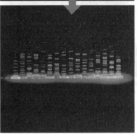

图10-60 将所有实底替换为视频素材并调整

图10-61 调整视频画面的整体色调

图10-62 添加音频

附录1 拓展案例

本书精选了15个拓展案例供读者进行自我练习与提高，从而提升应用AE进行影视编辑的能力。每个案例的制作要求、素材文件、参考效果请登录人邮教育社区下载。

 宣传片设计

 特效设计

栏目包装设计

附录2 设计师的自我修炼

要成长为一名优秀的设计师，需要了解设计的基本概念、设计的发展、设计形态，运用设计的思维去观察、分析、提炼、重构事物；学习色彩的基础知识，培养对色彩的感知能力和表达能力，加深对色彩关系、色调强调、色彩情感表现等的认知；能够运用平面构成、色彩构成、立体构成的理论和方法设计出符合功能需求和审美需求的作品。

设计基础

设计色彩

设计构成